U0172036

怀往忆旧

敬悼老友赵仲安

在下认识赵仲安，是当年青衣票友孟广亨介绍的。民国十五六年，茶楼带清音桌在北平颇为盛行。青云阁的畅怀春由胡显亭主持，到那儿消遣的大半都是西南城一带票友。东安市场的舫兴茶社由寿伊臣大拿，德昌茶楼由曹小凤掌舵，凡是东北城的票友，就拿舫兴、德昌做了根据地了。至于后来萧润田在西单市场成立的桃李园茶社，已经是茶社清音桌的强弩之末啦。

赵仲安、孟广亨两人都是唱青衣的，当时可以说是一时瑜亮，在下是喜欢唱几句小生的，所以每逢星期六下午，大家不是在舫兴碰面，就是在德昌消遣，广亨跟在下又是同学，经过孟的介绍，自然大家越走越近乎了。

仲安嗓筒嘹亮，水音圆润，广亨柔润不火，翻高自然，都是学梅的好材料。不过仲安扮起来敦重厚实，广亨骨体略飘，两人都是工于唱做，扮起来台风都嫌不够明艳，所以他们两位清唱时候多，彩唱时候就少啦。实在瘾头来了，虽然不粉墨登场，可是在文场操操琴、拉拉二胡，倒是数见不鲜。

有一次在德昌茶楼，到有奚啸伯（尚未下海）、费简侯（戏校费玉策之父亲）、张泽圃（协和医院票房首席名丑）、陶善庭（票友工老旦），碰巧赵仲安也到了。曹小凤一看人头正好攒一出《法门寺大审》，说来说去，大家都点头啦，只有奚啸伯只肯唱“庙堂、叩阍”，就是不肯带《上马》。后来陶默庵来了，为了打圆场，情愿唱行路的刘媒婆，奚啸伯仍旧咬着牙不肯唱。

唱花脸的都是身大力不亏的朋友，费简

侯一看实在忍不住了，大吼一声，隔着茶桌一揪奚啸伯脖领，就把奚啸伯提溜起来，打算把他往楼下一扔。费说得不错，好不容易今天大伙儿来得挺齐全，凑合一出《法门寺》带《大审》有多好，偏偏你这个小杂种，推三阻四的不说啦，结果只答应唱个《法门寺·庙堂》，连《上马》都不唱，前后八句摇板就起身走人，看我跟杆儿张（张泽圃外号）耍半天猴儿，今天非摔死你这个兔崽子不可。要不是大家拉得快，奚啸伯准得吃点亏。

这么一搅和，怕事的全溜了。赵仲安向来是见义勇为的，一看情势不妙，当时张泽圃幸亏没走，两人一嘀咕，攒了一出《女起解》带《玉堂春》。陶默庵是正式接过曹小凤红白帖的，义不容辞，居然给仲安配了个王金龙，大家一卯上，这出戏唱得别提有多严啦。

仲安为朋友两肋插刀的行径，大多类此。他来台湾之后，因为年岁体质关系，只是给各剧团说说青衣，好像一直没登过台，噩耗传来，童年之交又弱一个，南北暌隔，不能亲临一奠，写此短文，用致哀思。

敬悼京剧评人丁秉鐩

看见《晚报》上载秉鐩兄突逝宏恩医院消息后，起初还不敢相信，等到朋友们电告，才证实这个噩耗是真。秉鐩兄虽然年过花甲，可是平素实大声洪，神满气足，在我们老人会里，还只是少壮派的英雄，想不到半个月没见面就人天永隔请教无从了。

秉鐩兄从小就迷京剧，他有从天津赶夜车到北平听杨小楼《落马湖》的豪兴。我有带着讲义在台下听梅兰芳唱《玉堂春》边听边看功课的记录，当时北平有位剧评人景孤血说我们两人是平津的戏迷。这个玩笑后来连上海《戏剧旬刊》主持人张古愚也知道了，还写了一篇《平津两戏迷》登在《戏剧旬刊》上，开我们的玩笑呢！从《戏剧旬刊》创刊号起，古愚兄约我给他写北平梨园掌故，我用茅舍笔名每期给他写两三千字，一直到《戏剧旬刊》停刊迄未间断。一百多本旬刊，因为来台湾是乘飞机，无法携带，全扔在北平了。有一次跟秉鐩兄闲聊天，他说《戏剧旬刊》，他有全套也没带出，不过茅舍谈剧，还有我给毛世来写的香扇儿坠词二三十阕，以及我给毛五儿照的《卖饽饽》《十二红》剧照都剪下带来，可不记得塞在什么地方了。等发现后影印一份给我，可惜这段文字的承诺，也成广陵散了。

秉鐩兄人缘好，治事之所又远在台北县新庄，公私栗栗，平素也很少机会相晤。上月他忽然给我打来一个电话，说卢燕的母亲李冬真女士不久八旬正庆，旅美友好由童轩荪发起征文祝寿，知道当年李跟琴雪芳组班时，卢母的戏我听过不少，所以托秉鐩兄让我写一篇祝寿文章。稿子寄美月余，昨天刚收到童兄复函，本想跟秉镃兄通个电话，告诉他一声，谁知他竟蒙主宠召鹤驭离尘了呢！

秉镃兄人极风趣，出语幽默，毕生致力戏剧文化事业，关于梨园消息，知道得又快又准确，报纸一经刊载，莫不先睹为快。今后去文艺中心顾曲听歌，缅怀秉镃兄音容笑貌的人，恐怕不只区区在下一人呢！秉镃兄安息吧！

记名琴师徐兰沅

跟老一辈的梨园行的朋友提起徐兰沅，大概没有不跷大拇手指头的，因为人家不但知道得多、见得广，肚子里特别宽绰，而且六场通透，所以特别敬仰。

谭鑫培的琴师原来是梅兰芳的伯父梅大琐，梅有时活儿多赶不及，徐兰沅在台上侍候过几次谭老板，不但拉得四平八稳，而且托得严丝合缝。后来梅大琐年老不能登台，梅兰芳的琴师改成徐兰沅，两个人合作乳水，梅终其身没换过琴师。而徐兰沅除了乃弟徐碧云在北平初次组班，帮忙性质拉了几场之外，无论大江南北男女名角，不管如何重金礼聘，始终是矢志靡他，傍了梅兰芳一辈子。

梅兰芳的二胡是王少卿，伶票两界都叫他“二片”，他除了给乃父凤卿、乃弟幼卿拉胡琴之外，专门给兰芳拉二胡。梅兰芳给高亭公司灌全本《太真外传》《俊袭人》《晴雯补裘》唱片的时候，只要王二片认为过门托腔有的地方不满意就得重灌。第三本《太真外传》，一晚上重灌了四次之多，徐、梅两位照拉照唱，脸上都没有丝毫不愉快的颜色，这种涵养功夫在座的没有一位不赞叹称许的。徐兰沅跟穆铁芬都是仪表堂堂，一点没沾梨园行习气的，言谈举止更是雍容大度不愠不火。言菊朋常说，徐兰沅往客厅一坐，不认识的总猜他是位封疆大吏，至不济也是位实缺府道。

徐兰沅人虽方正不苟言笑，可是遇上戏班有为难地方，他秉着救场如救火的梨园行老规矩，毅然以赴，毫不犹豫。梅剧团赴美公演，因为角色计算得过分紧凑，上演《庆顶珠》，他曾经上台串演过丁郎儿、教师爷。他送过笔者一张教师爷剧照，可惜没从大陆带出来，没法让大家一瞻他又哏又趣的风采。

徐常说："拉胡琴是傍角的，人主我配，一定要让角儿唱得舒坦如意，所以对于尺寸、垫头托腔、气口、过门都要细心琢磨因人而施，才够得上是把胡琴。至于琴师一上场就来个花腔要个满堂彩，或是胡琴过门加上若干零碎，引得台下直喊好胡琴，只顾自己要好儿，把个主角僵在台上几分钟，这都是喧宾夺主溢出范围的举措，不足为训的。"他这番话语重心长，确有至理存乎其间，希望后之学者，能够多多玩味。

徐兰沅除了胡琴之外，他的字也写得古朴苍劲，精审入微。他开始写字是从写碑入手，取法乎上，所以他的字气机通畅，骎骎入古。中年以后他极力模仿樊樊山，不但可以乱真，甚至真假难辨。当年樊增祥（樊山）

在琉璃厂各大南纸店都挂有笔单，所以时常有人自己登门或找南纸店的人到樊宅请补上款的。后来樊家一算，所得墨润跟请补上款的情形不成比例，虽然犯疑可也想不出什么道理来。

有一天樊云门忽然想到琉璃厂逛逛。遛来遛去经过徐兰沅所开的竹兰轩胡琴铺，玻璃窗里挂着一副自己写的对联，似曾相识可又模糊，到店里细看，自己也分不出是真是假。过没两月果然有人拿这副对联请补上款，后来经派人查访，才知道是徐的杰作。从此徐的书法在梨园行其名大彰，假的樊云门对联，也就从南纸店里绝迹了。

抗战胜利笔者回到北平，曾经跟徐老话旧多时，他那稳健的谈吐，亦庄亦谐的梨园往事，还是令人听得不忍离座。记得笔者来台之前，在劝业场的绿香园茶叙，他认为毕生有三大憾事：第一是乃弟徐碧云在俞振庭的斌庆社习武旦，出科之后经瑞祥老东家力捧改为花衫子，青年人习性未定，惹上桃色纠纷，北平不能立足远走武汉，抗战时辗转入川，最后的下场落寞凄凉，这都是疏于管教的结果；第二件是儿子徐振珊送在富连成坐科习武生，跟刘元桐、哈元章同列元字辈师兄弟，因为从小身子骨就弱一点，王连平又对徒弟有恨铁不成钢的心情，管教严了一点，于是三说五说跟叶龙章、荫章弟兄们说岔了，一怒之下，愤而退学，改名徐振珊，仗着自己面子搭班唱戏，最后弄成了不文不武，只好改行；第三件事是冒樊云老大名写对子，虽然人家大度包容一笑置之，可是自己始终觉得有愧于中。

那天在绿香园只有名票邢君明、果仲禹两位在座，所以聊得时间很长，也聊得非常痛快。从此一别海天遥隔，迄未听到此老消息。上个月从香港传来噩耗，说是徐老已于去年冬天在北京奄逝，海天北望，悠悠苍天，何其有极。

卢燕卢母

从前美国好莱坞有一个中国电影女明星叫黄柳霜，虽然演技不错，可是有时她饰演的角色，兼或卖弄色情，有辱国体。后来出了一位关南施，拍了几部电影，如《花鼓歌》《苏丝黄的世界》等，倒也轰动一时。不过关南施是在美国生长的华侨，洋味太重，加上婚变重重，逐渐也没落了。继之而起者是卢燕，听说卢燕在好莱坞既拍电影，又演舞台剧，是在美国加州巴莎迪那戏剧学校接受过正宗戏剧训练的学士明星。

卢燕拍了一部电影——《董夫人》，不但驰誉中外，报章杂志也一致加以好评。这部电影虽然看过的人都说好，可是笔者始终只闻其名，未看其片。去年香港邵氏公司，有一部《十四女英豪》，卢燕饰老态龙钟的太君，虽然周旋在群雌粥粥的众香国里，可是绯缡耀彩，灿若丹霞，演技气势，在在都显出她的光芒是技冠群芳鳌头独占的。今年在台湾上演宫闱电影《倾国倾城》，卢燕饰演慈禧皇太后。抛开剧情不谈，卢燕在剧中，不论神情、举止、口吻、仪容，在影剧界演母仪天下的西太后，说她不作第二人想，当非虚誉。

有人说当年唐若青在话剧《清宫秘史》里演西太后是一绝。其实唐若青演西太后，只是威而稳，要是比起卢燕的言谈动作来，似乎还差上一筹。笔者看完《倾国倾城》之后，曾经跟朋友说过，今年金马奖，各位评审委员，玉尺量材，果真法眼无虚的话，最佳女主角给了卢燕，才是天经地义名实相副呢。事实证明，当时余言实有所据。

前两天偶然看到一本旧杂志上，刊有一张照片，照片的说明是李冬真、卢燕母女合影。再仔细一端详所谓卢老太太李冬真，敢情就是五十年前在北平红极一时的名须生李桂芬。在李走红的时候，孟小冬尚未出道，当时北平坤角须生有“三芬”，一是张喜芬，一是金桂芬，一是李桂芬。喜芬唱汪派，搭鲜灵芝的奎德社，净唱新戏什么《一元钱》《电术奇谭》一类，偶尔也唱出单挑戏《哭祖庙》《让城都》一类的。金桂芬是一直搭金友琴、孟丽君两个坤班的，金雌音太重，而且面貌庸俗，所以始终给人跨刀，没有红起来。

李桂芬在“三芬”之中最为突出，不但扮相淡雅脱俗，身材修颀潇洒，而且嗓音高亢圆润，所以颇受台下听众的欢迎。在民国十三四年，坤角在北平，忽然大行其道。髦儿戏像雨后春笋，纷纷组班成立。彼时风气尚未大开，不准男女合演，因之每个坤班，都成了旦多生少的局面。

张喜芬、金桂芬那样的须生都有人抢着要，像李桂芬这样卓尔不群、德艺兼优的角色，当然更成为各戏班争相罗致的对象啦。可是因为李桂芬一开始就搭琴雪芳的班，两人合作非常融洽愉快，李是既重义气，又讲感情的人，所以无论哪个戏班的管事来谈公事，重金礼聘，不管多厚的待遇，十有八九，她都回绝。到了实在推不开的，她必首先声明，不能跟马老板（琴雪芳本名马金凤）戏班撞期。如果两处真是磨不开啦，可得准她请假，否则公事免谈。所以李、马的合作，是贯彻始终的，一直到琴雪芳嫁给马福祥，解散戏班，去做都统夫人，李才卸下歌衫，改名李冬真，到上海去定居，过她相夫教女的隐息生活。

樊樊山、罗瘿公、赵次珊，都是喜欢听琴雪芳戏的。罗瘿公给琴雪芳编了一出新戏叫《桃溪血》，打算请李饰戏里的渔翁，可是被李婉拒了。李说当初跟琴雪芳合作言明不接本戏，大家不能食言，这出戏因此就没能上演。

有一年，赵次珊把昆曲《长生殿》改为皮黄，打算七夕上演，让琴、李一饰唐明皇、一扮杨贵妃，既不是本戏，又不是新戏，料想李一定不会推辞啦。因为这出戏，昆曲戴髯口，皮黄改为光下巴。就因为玄宗皇帝光下巴，李宁愿事后向赵次老道歉，也不肯委屈将就。李的风骨峭拔，可见一斑。李虽然一丝不苟，可是梨园行的老规矩，到了年终岁暮，封箱反串戏，仍旧是照唱不误的。

有一年琴雪芳的戏班，年底在北平华乐园唱封箱戏，全体反串《翠屏山》抄家杀山。由李桂芬反串潘巧云，琴雪芳反串石秀，琴秋芳反串潘老丈，李桂芬弟妇李慧琴是唱青衣的反串杨雄，唱花旦的金少仙反串海和尚。当晚红豆馆主的胞兄溥伦，也在座听戏，一听这出戏是赵次老特烦，溥氏兄弟本是昆乱不挡是高手。一时兴起，当时给扮潘老丈的琴秋芳，编了四句抓哏的定场诗：“老汉生来八十春，养了个女儿李桂芬，得了一个孙子琴雪芳（读如舫），招了个女婿李慧琴。”定场诗念完，台上台下，笑成一团。此情此景，已过半世纪，将来卢燕返美，把这件事跟卢老太太谈谈，如果李冬真女士不十分健忘的话，可能还有依稀的印象。

冬真女士雅擅书法，写径尺大字，苍劲雄浑，不像出自女人手笔。当时孙派老生时慧宝临魏碑，很有几分功夫，每贴《戏迷传》，都是拿当场写字来号召。李也不甘示弱，有一次冬令救济义务戏，李贴《戏迷传》也是当场挥毫，即景生情，写了“痌瘝在抱”四个大字，现场义卖。蓝十字会会长王铁珊将军，以五百大洋高价买去，救济贫苦大众，一时传为美谈。

李对交游，极为审慎，虽然交游广泛，可都是书香门第，翰墨世家。所以耳濡目染，自然大方家数，有异恒流。后来李去上海定居，住在马斯南路梅畹华家很久。梅家往来的宾客，又都是社会上的文士名流。卢燕在这个时期不但在京剧方面扎下极好根底，就是应对进退、待人接物，受当时潜移默化的影响更大。

这次华视国语连续剧，选定《观世音》做剧本，聘请卢燕饰演观世音，故事好，主角更好。料想《观世音》之播出，光芒四射，气象万千，轰动台湾，那是毫无疑问的。

海天万里为卢太夫人寿

今夏是卢母李太夫人八旬荣庆，旅美知好提到，在台年纪七十五以上，当年在大陆听过卢母元音雅奏的朋友，写点文字，以申祝颂。前年卢燕女士应中华电视台之约，在国语电视剧里爨演《观世音》，在下在华视周刊上写了一篇《卢燕卢母》，被卢燕看见，坚欲一晤。当时我住屏东，经《民族晚报》王逸芬兄电约北来，在王府跟卢燕贤伉俪叙晤一番，欣悉卢母在美精神健朗，遇有可造之材，靡不悉心教诲，循循善诱。京剧能在美国生根发芽，卢母实种其田。记得当年我也少年好弄，在北方与轩荪兄共燕乐，今荷其敦嘱，为文以寿卢太夫人，不能不勉力以应了。

我从小就是标准戏迷，从民国初年听小马五《纺棉花》起，一直到抗战初期为止，日常生活大概总离不开戏园子。早年男女分班，除非祝寿彩觞公府酬宾堂会，很难得听到男女合演好戏。肉市广和楼的富连成早年不卖女座；四大名旦各班虽然卖女座，大多是楼上卖堂客，楼下卖官客，听戏也得男女分座呢！因为这个缘故，所以家里人听戏以坤班为主，小孩也就随同成了坤班小客人啦。先是鲜灵芝、张小仙的奎德社在文明茶园唱白天，可以说风雨无阻，天天光顾煤市街的文明茶园。后来鲜灵芝、张筱仙隐息，又改为城南游艺园听京戏。那个时候由琴雪芳挑大梁，唱了不久琴雪芳就自行组班，在开明戏院唱白天了。琴雪芳的戏班除了琴雪芳、秋芳姐妹外，老生就是卢母李桂芬。还有青衣李慧琴，武生梁月楼，后换盖荣萱，花旦金少仙、于紫仙，小生胡振声，小丑宋凤云，后换一斗丑。这个戏班梁柱齐全，在坤班来说够得上硬整二字。

我从小最爱听冷门戏，因为若干几近失传的老戏，偶或在开锣戏里能够发现。例如《神州擂》《疯僧扫秦》《五雷阵》等一类老腔老调的戏，全部沦为开锣戏，所以我几乎每场戏都可以听到拔旗吹喇叭。琴雪芳有时没有戏，见我在楼上入座就拉了胡振升到包厢里来聊天。有一天卢母贴的是《斩黄袍》，虽然刘鸿升的“三斩一碰”走红一时，人人都喜欢唱上一两段，可是坤班敢动这出戏的还不多见。记得那一天卢母勾一字眉，龙衣华衮，唱起来满弓满调。当时坤角有“三芬”，是张喜芬、金桂芬、李桂芬，称一时瑜亮。可是“孤王酒醉桃花宫”，张、金二人都没动过，只能让卢母一人专美了。

有一天琴雪芳贴演新排本戏《描金凤》，前场卢母跟李慧琴唱《黑水国》。名票陶畏初、何友三、管绍华三位联袂而来，全神贯注，一言不发地听戏，听完了整出《桑园寄子》，我问他们何以如此入神。陶畏初比较爽朗，他说这是奉命听戏。他们三位正跟老伶人孟小如学这出《寄子》。据小如告诉他们说，李老板这出《桑园》的身段非常细腻，特地前来“搂叶子”的，焉能不聚精会神地琢磨？我想这件事，直到现在卢母自己还不知道呢！

当年琴雪芳在华乐园的夜戏，赵次老跟贡王爷都是池子里常客。爽良、瑞洵、樊樊山、罗瘿公、王铁珊也是每演必到，其中贡王、瑞洵两位对卢母的唱做最为赞赏。当时卢母的琴师，也是经常给贡、瑞二老说腔调嗓的，他经常称赞卢母气口尺寸拿得准，喷口轻重急徐劲头巧而寸。所以卢母一登场，池座有两位戴帽头的老者，每人用包茶叶的黄色茶叶纸，折好压在小帽边上，遮挡煤气灯的强光，就是贡、瑞二老了。卢母有两次经绅商特烦唱《逍遥津》，就是此二老的杰作呢。当年赵次老在世，对于世交子弟之文采俊迈、蕴藉俨雅的青年，奖掖提携，无所不至。春秋佳日时常邀集大家为文酒之会来衡文论字，记得王懋轩、薛子良先生的令公郎都是当年与会的文友。其中有一位年方弱冠汪君，能写五六尺的大字，次老教他行笔运腕，并且拿出卢母写的大字给他借鉴，从此才知道怪不得卢母对于大字笔周意内，敢情平日是真下过一番临摹工夫的。有一年，冬令救济义务戏，卢母贴的是《戏迷传》，当场挥毫，写了"痌瘝在抱"四个大字，现场义卖，被蓝十字会会长王铁珊将军，以五百元高价买去，救济了不少贫困。在北平专给人写牌匾的书法名家冯公度，后来知道《戏迷传》现场卖字的消息，深悔未能躬逢其盛，跟王铁老一较短长呢。

赵次老对于度曲编剧兴致甚高，琴雪芳所演《桃溪血》，即系次老手编，由罗瘿公出名。剧中渔父一角，初排原请卢母饰演以壮声势，以卢母与赵府的交谊，似乎未便推却，可是她格于搭琴雪芳班不接本戏原则，也加以婉拒。后来赵次老以“无补老人”名，给琴雪芳编了一出《风流天子》，是爨演唐明皇杨玉环故事，唐明皇一角应当是老生应工。可是几位老人家斟酌至再，始终都没开口。最后由琴雪芳以小生姿态串演。卢母的风骨高峻、自守精神，在当时梨园行可算是操履贞懿，令人钦敬。

自播迁来台，海外归人每每谈到京剧在美国已经播种生根，近几年更是日趋茁旺，卢母在美，对凡是虚心求教、真想学点玩意儿的男女，无不掰开了揉碎了倾囊以教。今当卢母八旬设帨吉辰，敢弁数言，都是五六十年前往事，以介眉寿。

我所见到的梁鼎芬

番禺梁太史鼎芬和先伯祖文贞公、先祖仲鲁公一同受业岭南大儒陈兰甫先生门下，先曾祖乐初公任广州将军时，把兰甫先生请到将军衙门的壶园授课，于式枚、梁鼎芬都来附读，后来先后都成进士点翰林。壶园旧友，在清末政坛盛伯羲、黄体芳等人的清流派里，还算是主流人物呢！

梁鼎芬别署最多，字星海，号节庵，别署老节，因为他很早就把下海留起来，所以又自号梁髯。他的字清健刚劲，下笔如刀，愈小愈妙，所以他写的小对联特别名贵，他尤其喜欢在照片、硬纸卡上题字。后来北平荒货摊上时常发现梁鬌题字照片，无论题字多少，好像每帧银洋一元，运气好碰上有他填的词，不但词字双佳，有时还能发掘出若干史料呢！

梁和文廷式（芸阁）有时好得如兄如弟，有时你讽我讥有同寇仇，文到北平即住舍间，梁是每日必到的座上客，两人衡文论诗，往往争得面红耳赤。文芸阁死后，梁的挽联有“池草庭阶春日句，芙蓉诗馆旧时情”，就是当年在舍下吵架的故事。梁的元配夫人，不知什么事突然大归，不久改聘文芸阁，后来梁任武昌府知府，夫人来拜，梁开中门迎接，待若上宾。他们这段公案内情如何，就非外人所得而知了。

自先祖故后，舍下每年元旦一清早第一位来拜年的，总是梁鬌公。彼时他年刚花甲，必需两人扶持而行，入门径到影堂，向先伯祖、先祖喜容行跪拜礼，如何拦驾，头是非磕不可，磕完起身入座，气喘咻咻，良久乃已。后来每年元旦，我总是赶在他来前，先到他府上拜年。天方昧爽，他多半已在书房濯足。他脚上趾甲，自从他元配夫人离他而去，说是身体发肤，受之父母，不敢毁伤，就从未修剪过。指甲长到弯过来直抵脚掌，所以年仅花甲，已经不能踏步而行，只能以脚后跟着地并需仆从扶掖而行了。后来他知道我这年世再晚不愿劳尊先施，他老人家索性一面洗脚，一面等我前去拜年。每年总是写好一柄团扇，等我去拜年给我，算是拜年红包，所写诗词都是跟先祖昆季唱和之作，字写得瘦劲挺秀、古朴之至。后来我把团扇依序裱成手卷，可惜当年来台匆匆，未曾带来。

节老不但记忆力特强，就是各种杂书读得也特别多。他自己常说，张香帅（之洞）驻节武昌时候，他不时跟一般亲随打听大帅最近读些什么书，他也赶忙买书来读，最初是闲中谈诗论史便于应对，日久才知道所读的书，对做学问待人处世无形中有莫大助益。

当时有人讥讽他是逢迎上司一种巧宦作风，他认为博学多闻，自己毕生享用不尽，又何必管旁人说短道长呢！由此也可以看出他的气度如何了。

节庵先生成进士点翰林入词苑后，初掇巍科，刚棱疾恶，立言忠鲠，鉴于国事日非，满腔忠愤，甲午之战狠狠参了李鸿章一本。当时李在慈禧心目中是耿介有节、干练敏捷国之柱石，慈禧认为梁少年狂诞，出言无状，立刻降旨罢黜，永不叙用。梁知大势已无可为，于是襆被出都，到镇江的焦山读书养晦。他自己动刀刻了一方阳文印章，“年二十七罢官”六个小篆，体势劲秀，清丽简峭，颇为得意。从此与知好书札通好，都要刻上那方印章。自入民国溥仪大婚之前，经陈宝琛、朱益藩两位师傅的推介，节老又被征召进宫，讲解经史。

宫中每年农历六月初六，凡是精镌版本、古籍经典，以及历代名书画碑帖，循例都要拿出来晾晒一番。虽然由内务府董其事，可是有时也指派师傅们襄助整理，真迹一入那些人的法眼，不是请求借出观览临摹，就是甚至有时要求赏赐，或者借词延宕久假不还。只有梁节老每次奉派此差，从未要求冀赏恳借。所以溥仪对他的高超清旷反而备感钦敬，知道梁师傅喜欢盘弄印石，兴来时自己还奏刀刻几方印章，在谈诗论画之余，所膺懋赏，当然不是鸡血、田黄，就是桃花冻、鱼脑冻一类极品冻石。不过这类赏赐如由自己携带出宫，必须下手谕开门证，由神武门驻跸警卫人员查验放行，不但惊天动地，而且层层手续非常麻烦，所以大家都是派宫监赍送。谁知宫监送来印石，都被调包，换成粗劣印石，梁对这些事虽然处之淡然，但外间传说梁大胡子虽不偷借字画，可是把宫里鸡血、田黄精品印章骗去不少。所以梁氏病故吉祥寺寓所后，梁子思孝一赌气，把梁氏生前已刻未刻的印章一百余方，一股脑儿卖给收荒货北平人所谓“打小鼓”的了。

北平每到新年，宣武门外厂甸循例开放半月，火神庙内外各古玩铺把珍藏的珠宝玉器都要拿出亮亮相，各书店也把自己珍藏的善本书籍拿出来，招引一般学人鉴赏品评。海王村还有若干荒货商把些瓷瓦樽缸、废铜烂铁罗列满摊无所不有。我每年新正，总要到海王村一些荒货摊转上几转。某年我在一家荒货摊上以大洋八角买到一串用铁丝穿的汉印，其中有一花押“霍”字印，回家在清代钱大昕《十驾斋汉印萃选》里查出是汉骠骑将军霍去病的花押印。以八角大洋买到一方真正汉印，自然更增加我以后逛荒货摊的兴趣。有一次在荒货摊发现十几块尘渣泥垢涂满、毫不起眼的印石，以一块二毛钱整堆买回，经泡在水里细心洗刷除垢去污之后，发现有一方长方形艾叶黄印章赫然是“年二十七罢官”六个篆字，细看边款果然是节庵先生参李被黜、在焦山所刻一枚印章。这方印章石质虽劣，但有其历史价值，可惜当年来台仓促，此印未能随身带来，想起来就觉得可惜不置了！

梁鼎芬终身不修脚趾甲

梁鼎芬（节庵）虽然是广东人，可是魁梧奇伟，方面浓髯，很像北方人。他少年早第，才气纵横。甲午之战，他认为是李鸿章因循延误、丧师辱国，列举十大罪状，具折参奏，西太后恨他出言无状、指责过深，罢黜永不叙用。他于是隐居焦山，读书自娱。他自己刻了一方“年二十七罢官”的图章，凡是诗酒酬和，都印上这方图章自勉。

等到德宗驾崩，他又跑到西陵梁格庄庐墓三年。有人说他过分做作，可是能够布衣粗食，在一间聊蔽风雨的茅屋一住三年，也不是一般人所能做得到的。民国肇建，宣统仍住内宫，一般逊清遗老鉴于梁的孤忠志节，请他跟陈宝琛、朱益藩每天进宫授课，梁的不苟言笑，使得宣统对他最为畏惮。梁一副银髯飘拂，年过五旬即需随从搀扶，才能迈步。

后来他的听差透露，他从二十七岁罢官起，就没剪过脚趾甲，所以趾甲越长越嵌入脚心，足掌不能全部落地，必须有人扶持，用脚后跟走路，所以显得特别龙钟老迈。究竟梁髯是什么理由不剪脚趾甲，就是他少君梁思孝也说不出所以然呢！

叶楚老以酒当茶

自从成立国民大会选举事务所，所有选举事务，就由叶楚伧先生综揽。在当时选举草创，法令未周，而参与其事者又多三山五岳英雄，一时花样百出，绝食请愿，扶榇喊冤，光怪陆离，令人啼笑不得。楚老一肚闷气，又不便发泄，只有借酒遣愁。

有一天下午散值，他约我到他治事之所聊天，我们有一君子协定，谈话资料上下古今无所不谈，就是不谈国事，免惹麻烦。那一天，楚老面前有一只形式古雅长颈宜兴壶，频频自斟自饮，茶卤淡黄，可是酒香四溢，我才知道他老人家喝的是酒，而不是茶。味是北酒凝香，可是酒色淡黄，又类南酒，这把我这好酒贪杯的人真正考住。

楚老笑着说："这是本市叶德记酒店特制的高粱酒，他们把双沟大曲，每四十斤坛子加甘草粉二两、冰糖一两，浸过一年，装瓶出售，香气蒙密，酝成芳酎。大陆银行谭丹崖、中南银行胡举江两位酒国大老，都认为比三星白兰地来得醇和爽口，你不妨尝尝。"我浅尝之后觉得郁烈芳菲，可称佳酿。不过用来代茶，未免过分刚烈，又不便说明。

过了几天我弄了一坛子金坛黄金酒（陈果夫先生誉为江苏四种名酒洋河高粱、海门葡萄酿、南翔郁金香、金坛黄金酒的首选）请楚老一试，这种金坛名酒浓郁挂杯，色泽柔红有类浙江的女儿红，楚老喝惯了高粱大曲，自然感觉没有高粱杀口，可是黄金酒有一种噀人的幽香，很容易诱人上瘾，从此茶壶里的酒有时特制高粱，有时金坛陈酒，总比整天用高粱酒代茶要好得多了。抗战离京之前，他写了一张便条给我，只有十个字：“三杯软饱后，一枕黑甜余。”我知道他对黄金酒犹有依恋，托西南运输公司给他老人家带了四大坛入川，后来才听说他老人家离京前夕把叶德记包装好的特制高粱十八打一古脑一直喝到四川，又接上喝贵州茅台绵竹大曲了。

我所认识的还珠楼主

——兼谈《蜀山》奇书

抗战之前，我治事之所，在北平西华门大街，靠文津街很近。各机关入夏季都改为上早衙门，午后是不办公的。我吃过中饭散步，日正当中，暑炎灼肤，总是到中央图书馆看书。风窗露槛，遥望北海，宫阙巍峨，金霓陈彩，绿荷含香，芳藻吐秀，灵台宽敞，暑气全消，当窗读书，真是赏心乐事。学友陈同文在馆内是专管珍本古籍的，所以《涵芬楼秘笈》《四库全书》珍本，我都可以借出来阅读。馆内在不久以前得到以杨嘉训名义捐赠的一批释典道箓书籍，两百四十余部共一千多册（我知道武生泰斗杨小楼藏有不少道教经典符箓，想不到他晚年居然不声不响捐给中央图书馆了）。

馆方虽然不久就分门别类整理出来，可是一时未能制成卡片，无法供众借览。每天在阅览室里坐在我对面的一个三十多岁中年人，风采雍穆，操着四川口音，一再要求借阅一部小楼赠书中的《玄天九转道箓》，馆方颇感为难。我看他情词恳切，经代向同文兄保证，他只是在馆内阅览，绝不携出。经过这点接触，我们彼此通过姓名，方知道他是李寿民，四川人。等到书一送来，他就沉潜汲古一边看一边做起笔记来了。

过了半个多月，我在办公大楼花圃散步，又碰到他在一株丁香树下沉思，才知道彼此在同一大楼内办公，而且是一墙之隔。他看的书涉猎极广，除了佛经、道书、练气、禅功之外，还喜欢研究性命、星相之学，一部抄本的《渊海子平》随身携带，没事就拿出来翻翻。他在口袋胡同买到了三本杂志叫

《新命》，书后注明北平寄售处是舍下，所以他以为我是同道，其实我只是《新命》杂志的征访史，对于子平不过是一知半解而已。由于我的介绍，他认识了北平名星相家关耐日，关给他批八字，说他“座下‘文昌’”但“困于甲木”。关是留法华工，文字虽非高明，可是研几杜微，数理通玄，从八字里看出他的文名，彰而未显，困于嗜好，终身不能摆脱。那时他只写一些小品文，用原名善基或“禅机”笔名散在报章杂志发表，尚未着手写武侠小说。他因胃病困于烟霞（鸦片）；当时禁令在华北地区虽不太严，可是公务员抽烟，总是不敢公开的。他对关耐日给他批的八字，认为是知人之言，没事就拉我找关耐日给他算算。

他的老太爷游宦西南各省，而且逐日写有笔记，对于云贵川湘风土文物记叙甚详，所以他书里对景物的描述倒不是完全凭空虚构而是有所本的。他在进入“冀察政务委员会”工作之前，确曾在胡景翼戎幕充当过记室。胡笠僧人虽痴肥，可是极富心机，而且反复无常，颇难相处；所以他考虑再三，最后决定还是回到北平在“政委会”政务厅担任书启工作。“政委会”委员长宋明轩是极为讲求旧学的，他把“四书”分门别类另行编纂，定名《四书新编》，共分上下两册，三寸见方，皮面烫金；说是由刘春霖、潘龄集几位名儒硕彦主持的，其实十之八九都出自李寿民手笔，那些翰林公不过是顶个名而已。

他子女众多，自己又有嗜好，虽然收入不错，但是开支浩繁，生活时感竭蹶。恰巧天津《天风报》社社长沙大风因跟朱琴心涉讼对簿公庭，馆务乏人主持，于是托我跟赵又梅两人暂时给他照料。那时他已着手写《蜀山剑侠传》，写了十二回之多，本打算出书，又怕销路没有把握。当时《新天津报》登了评书说部《雍正剑侠图》，三月之间，报纸增加了一万多份。我想把《蜀山剑侠传》

拿来在《天风报》上发表，又把刘云若的《小扬州志》拉来，跟《蜀山》同一天开始刊登，谁知销路直线上升不说，从平津远及沪宁，都有读者请求从刊出《蜀山》第一期把报份补齐。

凭良心说，《蜀山》从一至五集，是还珠的文坛试笔；五集以后因为大受读者欢迎，他才聚精会神地写下去。因为他书看得多，《蜀山》一集比一集精彩，从此奠定基础，开创了惊天地泣鬼神的巨著。他的书最初是交天津励行书局发行的，每集一版出六千本，书一应市，就被抢购一空。就在这个时候，抗战军事爆发，宋明轩移节保定，"政委会"财务处处长张剑侯一再劝寿民兄也随军内移。他感觉家累甚重，携眷随军困难重重，一动不如一静，写写小说也可勉强糊口，所以最后决定留滞京华，没有内移。

他写的说部销路如此之好，有一家出版商，想把《蜀山》的版权从励行书局拿过来。

他跟励行书局相处非常融洽，并且时通缓急，他又是道义感情并重的人，这样无形中把那家出版商徐老板得罪。徐老板有一个亲戚在北平日本宪兵队当翻译，于是还珠被扣上一顶帽子，以所写小说荒诞不经、妖言惑众的罪名，关进宪兵队沙滩人犯羁押所。他自知这场牢狱之灾是免不掉的，所以也处之泰然；不过有烟霞癖的人，突然断绝烟火，其狼狈可知。幸亏华北驻屯军军部，有几位“蜀山迷”，好在他的罪名又是莫须有，糊里糊涂又把他放了，所以他有若干与《蜀山》有关联的说部纷纷出笼。

后来华北加紧统制食粮，住在北平买大米白面已成问题，他就携眷南下，住在麦家圈一家书局楼上，不但写小说，而且挂笔单写对联来卖，才能勉强过活。我来台湾之后，借好友宁培宇回大陆接眷之便，曾经给他带口信劝他来台定居，他一直没有回音。从此音讯隔绝杳无信息。后来听人间接传说，他在上海得了噤口痢，就一瞑不起菩提证果了。

他的《蜀山》一书最近经叶洪生先生分条析理，洋洋洒洒，极为详尽地写了一篇宏文，远及美国《世界日报》都加以转载，我不愿往此多费笔墨；不过我读他的武侠说部有一种感觉，如同吃了一席多彩多姿的盛筵，别的山珍海错就不想下筷子了。寿民兄大归一转瞬已有二十年，台湾居然还有不少武侠小说迷，对他的《蜀山》念念不忘，又有叶洪生先生为文弘扬一番，我想他若有灵，也应心满意足拈花一笑了吧！

哀亚洲桌后陈宝贝

在东京举行的第二届亚洲运动会，荣膺亚洲桌球单打冠军、第四届双打冠军的陈宝贝，因为肾脏病不治，终于十二月二十一日在高雄去世了。陈宝贝的父亲陈天助是老一辈的桌球名将，在台北太平町开打乒乓球房，叫“天天桌球俱乐部”，她跟妹妹守店，从小耳濡目染，加上天资颖异，见多识广，凡是乒乓高手绝招窍门，她都能心领神会，朝夕观摹，攫为己用，在十五六岁的时候，一般男性乒乓球高手，对她已经是望风披靡了。

她的祖母在日据时代，就在松区一家工厂做木盘修理工，陈宝贝经祖母的援引，也进工厂做包装工。那时候，她参加全省性的乒乓球单打比赛，已经可以把冠军笃定拿回来啦。

她的祖母有一次在工厂犯了一件不可原谅的错误，那时笔者正在那家工厂主事。依照厂规，应当开除。可是看着一个在工厂工作了三十多年的老人，我在左思石想之下，于是决定让她立具悔过书，以观后效。这样做一方面可以让她保住饭碗，回到家去，也免得在儿孙面前抬不起头来。后来陈宝贝球技日益精进，各机关纷纷到工厂来拉角，打算用重金厚酬把陈宝贝拉走，包装部门主管很想把陈宝贝升为监工员，免得被别家拉走，我认为包装部门工人近千，如果骤然间把她提升，可能影响其他工作同仁情绪。如果主管部门能提出工作优良事绩，当然可以提升，否则的话，她如果另有高就，也只好请便。过了两三个月，我到工作现场，看见陈宝贝仍然孜孜不息在工作，一问包装主管，才知道某金融机构用重金礼聘，可是她的老祖母一定不答应。她老祖母说：“人家把我应开除而没开除，让我保持老面子，内心异常感激，除非我先死，或者长官调职，才能让宝贝另飞高枝。”后来真是等笔者别调，陈宝贝才遵照老祖母的话转到别的机关去工作。陈宝贝在全国桌球比赛场合，认识了当时高雄桌球国手黄良雄，在两人订婚之前，陈宝贝还跑来问过我，跟黄良雄结婚如何。我当时告诉她，黄良雄是高雄闻人黄尧的公子，以家世说，是有名有姓的人家，不过黄良雄的性行学识怎样，那就要你自己去体察考验了。不久他们结婚，卜居高雄，晨昏定省，很得翁姑的欢心，黄尧不愿意陈宝贝在婚后仍然参加打球，于是把高雄百货公司三楼的高雄大旅社交给陈宝贝经营，直到百货公司整个出售为止。

陈宝贝打球，长于短打快攻。年轻气长，练习又勤，虽然每天在工厂工作八小时，可是每天下班回家，仍然无间寒暑练习不辍。她因为参加过若干次国际性比赛，据她观摩历练心得，她认为我们平素都不重视开球，其实开球犀利，在敌人措手不及情况之下，最易取分。敌人悚于我们迅雷攻击球技，先生怯敌心理，增加我们克敌的信心。我们是礼仪之邦，国民习性保守，所以打球也是防多于守，搓多抽少，往往授人以柄，促成敌人攻击的条件。日韩两国乒乓球员，十之八九，都是一上场就采取猛攻的战略，先寒敌胆，自然容易窥知敌方球路。远拉近拨，攻敌致胜。她这个打球方法，是她参加国际比赛一点心得。虽然事过二十多年，可是她的这个战略，仍然是我们球坛上应当体会的弱点。虽然这位球坛桌后现在已经谢世，希望球坛男女朋友，能够三复斯言。

从小友想起了一段旧事

上次国画大师张大千从美国回台湾来过旧历年，元宵节前夕，到台湾电视公司去参观，因为演清宫连续剧在荧光幕上轰动一时的“香格格”夏玲玲，也跟京剧名坤伶徐露、严兰静、郭小庄、姜竹华她们，一块在场接待。张大师对这位声名大噪的“香格格”似曾相识，后来经人介绍，才想起这个刁钻俊俏的女孩儿，就是《再生缘》里饰演“香格格”的夏玲玲，大师一时心怀开爽，就在台视接待室里，欣然调彩濡墨画了一枝素心兰的扇面，题的是“一香千艳失，数笔寸心成”，上款落的是“为玲玲小友写”。在此时此地，以授受双方的年龄、身份、地位来说，用小友两个字，可以说再恰当也没有了。可是由于“小友”这个称呼，让我想起了五十多年前一段有趣的往事。

民国十三年，国父孙中山先生在北平协和医院逝世之后，将灵榇暂移公园社稷坛正殿奉安，供民众瞻仰致敬。彼时笔者虽然尚在求学，可是在党务方面，还担任一部分学运工作，因为治丧大典工作繁巨，人手不够，所以笔者也奉派在灵前担任一点工作，负责散发工作同志吃点心的飞子（早年北平有一种绵纸签字纸条，凭条吃饭，叫“饭飞子”）。吴稚老当时也在殿里招呼，他老人家衣履朴素，又说的是一口江苏锡常一带的乡音，所以很少有人跟他搭讪。笔者只管散饭飞子，工作比较清闲，他老人家可就跟我聊上啦。好在我锡常一带的土话还能听个七八成，所以到了用饭的时候，我们就结伴而行，到公园里春明馆去用餐。一张飞子规定甜咸包子各两个，鸡丝汤面一碗，要是中等饭量，四个包子一碗汤面，大概可以果腹。谁知道吴稚老平日爱吃甜食，他那碟包子要去咸换甜，茶房因为面点都是一份一份配好的，不肯更换，两个人说来说去，就是夹缠不清。当时笔者口袋还有十多张剩下的饭飞子，只要撕张飞子再来一份，问题立刻解决，当时年轻人做事只想到一人一份，不能乱来，于是把自己的甜包子跟稚老交换，饭后稚老摸摸笔者的头说了句孺子可教也，就蹒跚出园而去。

在总理停灵期间，大家不时碰面，才知道此老就是鼎鼎大名的吴敬恒，他当时住在宣外南半截胡同江苏会馆。有一天笔者在广和居吃完中饭，顺道去江苏会馆看一看稚老，正好赶上稚老午梦初回，兴致很高。聊着聊着，他从瓷帽筒里抽出一卷宣纸，就给笔者写了一副四言篆字对联。上联是“是有真宰”，下联是“时见道心”的兴到之作[1]，那真是朴拙苍劲，骎骎入古，等落款时候他写了“鲁孙小友正腕”。笔者当时可就愣住。稚老是江南人，可能不知道小友这个称谓是清季相公堂子盛行时代，狎客对堂子里相公诗酒酬唱的称谓，那一发愣，稚老似乎有点发觉。一直追问，那时笔者年轻口直，就把当年小友这个称呼给说了出来。稚老听完哈哈一笑，立刻将写好的对联，一把撕碎，仍然原句再写一副，上款改称“棣台”，并且把我们彼此换包子吃的经过，以暨称呼小友换写对联原委，在对联下方洋洋洒洒写了有百多字的长跋来补白。后来这副篆联张溥老、李石老都看过，都说是稚老兴到的佳作，让笔者好好保存，可惜三十五年仓促来台，未能带出，现在想起来就耿耿于怀。一九七二年元旦随劳军团到金门，曾到稚老骨灰海葬处膜拜，

① 集自唐代司空图《诗品二十四则》。

人海苍茫，时光弹指，稚老的音容笑貌，风趣谈吐，好像相去不远。昨日看见大千给夏玲玲画扇题诗，想起了当年吴稚老这段故事，所以写出来，用志当年这段翰墨因缘。

近代曹子建——袁寒云

袁克文博解宏拔、瑰玮俶傥，可说近代不世之才，他的遭逢际遇，跟汉代曹子建几乎完全相同，实在令人可敬可佩可叹。

洪宪皇帝袁世凯姬妾如云，一共给他生了十六个男孩，长子瘸太子克定，克文行二，是世凯使韩时，韩王所赠姬人金氏所生。克文在汉城出生前，世凯梦见韩王送来一只花斑豹，用锁链系着，豹距跃跳踉，忽然扭断锁链，直奔内室，生克文，所以世凯赐名克文，一字豹岑。至于抱存、寒云，都是他后来的别署。

他读书博闻强识，十五岁作赋填词，已

经斐然可观。他择偶非常仔细而且挑剔，听说安徽贵池刘尚文的女公子梅真美而贤，与父住在天津候补，他在长芦盐商查府寿筵上隔帘偷窥，果然修嫮娴雅，于是托人求亲。对方正想跟袁家结纳，遂成秦晋之好。袁夫人生家嘏、家彰，至于驰名国际的三子家骝，则是外室花元春所生。

克文对乃父窃居帝位，改元洪宪，极端反对。他的长兄克定，则想备位皇储，准备父死子继，过一过做皇帝的迷梦。兄弟二人极不相能，兄在彰德，弟留津沽，兄来津沽，弟返洹上，参商避面，互不往还。后来世凯称帝，已成定局，克定谋臣知项城对克文宠爱，深恐他承欢谋储，于是蜚言中伤。他诡称有病，闭门不出，后来被他想出一条锦囊妙策，请求援清代册封皇子往例，封为皇二子，并请名家刻了一方“上第二子”印章，以示别无大志，那些谣诼才渐渐平息。

克文最脍炙人口的诗要推“绝怜高处多

风雨，莫到琼楼最上层”那一首了。扬州才子毕倚虹认为那首诗，是反对洪宪帝制而作，而且国民党有些人发表宣言，反对帝制，就根据那首诗引证指出，连项城识大体的儿子都不赞成帝制，何况别人。寒云这首诗将来在历史上自有其千古不磨的价值，可惜寒云的诗文向来不留底稿，随手抛掷。他虽记得有过这样一首诗，可惜已经记不得怎么说的了。后来笔者在刘公鲁家，看到寒云写的一个扇面，写着一首七律：“乍着微棉强自胜，除晴晚向来分明。南回寒雁淹孤月，东去骄风黯九城。隙驹留身争一瞬，蛰声催梦欲三更。绝怜高处多风雨，莫到琼楼最上层。”字写得半行半草，也没署上下款，想来是兴到信笔之作。在袁项城皇帝迷梦冲昏了头的时候，寒云敢于作出这样一首诗来，可以说是众醉独醒传世之作了。

寒云一生不御西装，他说西装硬领、领带是第一道箍，裤腰系上钉钉绊绊的皮带，前后又有四个口袋是第二道箍，脚穿革履底硬帮挺是第三道箍，加上肩不能抬，腿不能弯，穿戴起来五花大绑简直是活受洋罪。哪有中国衣履舒适自如，所以他终身只穿袍子、马褂，尤其喜欢戴顶小帽头，还要钉个帽正，不是明珠、玭霞，就是宝石、翡翠。他仪表俊迈，谈吐博雅，可是他在抑塞愤懥的时候，会偶或露出鬻缯屠狗的风貌来，有人说那是他跟步林屋同拜青帮头子张善亭为师的影响。他在帮里是大字辈大师兄，曾经开香堂收徒弟。外传他收徒弟最为冗滥，大江南北弟子有数百人之众，其实是有些不肖分子假借皇二子招牌托言曾列他的门墙，在外招摇撞骗，逼得他在上海《晶报》登报辟谣，把他正式收入的门人一一开列，其实不过十六员大将而已。

寒云的诗文固然高超清旷、古艳不群，他嵌字集联，更是深得“联圣”方地山真传，妙造自然，绝不穿凿牵强。记得有一次他在上海一品香宴客，步林屋携了琴雪芳、秋芳姊妹同来，酒酣耳热雪芳乞赐一联，他不假思索，立成两联，即席一挥而就。赠雪芳是“流水高山，阳春白雪；瑶林琼树，兰秀菊芳”，赠秋芳是“秋兰为佩，芳草如茵”。他才思的敏捷，不能不令人叹服。他赠名妓、名伶嵌字联极多，可惜笔者一时想不起许多了。

寒云一生极爱收藏，举凡铜、瓷、玉、石、书画、古钱、金币、邮票，无不一好，妙的是更爱收藏香水瓶以及古今中外千奇百怪的秘戏图。他把那些选英撷萃的宝贝，都放在他一间起居室里，错落散列，光怪陆离，好像一座中西合璧的古玩铺。他给这间起居室命名一鉴楼，自作长联：“屈子骚，龙门史，孟德歌，子建赋，杜陵诗，耐庵传，实父曲，千古精灵，都供心赏；敬行镜，攻胥锁，东宫车，永始斝，宛仁钱，秦嘉印，晋卿匣，一囊珍秘，且与身俱。”他认为毕生搜集的爱玩，都包括在这联语里了。

他搜罗的印章，颇多稀世之品。有一次在天津地伟路寓所请李木斋、邵次公、金息侯几位金石名家小酌，饭后他把历年珍藏的印章拿出来请大家鉴赏。除了汉秦嘉印，已经在他一鉴楼长联列为珍秘外，他的汉白琉璃印白晳明润，滑如獭髓，汉绿琉璃印冷光夺目，绿若翡翠，可称一对隽物。梁孝王的玉玺，梁庾信玉印，都是用名人书画换来的。明杨继盛朱文竹节印，忠烈遗物清奇刚毅，正气凛然。此外柳如是联珠铜印，卞玉京自镌象牙扇章，薛素素的环纽小金印，真是琳琅满目，不知费了几许心血才能纳入他的珍藏。

收藏这些名印的铁匣，尤为名贵，也就是一般金石家艳称的晋卿匣。据说铁匣是当年阮文达芸台在浙江主持诂经精舍，掘地所得宋代古董，原本就是贮放印章的。后来在扬州教场荒摊上发现，被袁的老师兼亲家方地山买去。寒云爱不释手，是拿一部明刊《左氏春秋》、一部清刊《四朝诗》，才换到手的。名印名匣，相得益彰，寒云故后，毕生珍秘，率多星散，所收宋元精椠版本书籍，大半归诸李赞侯（思浩）。至于其他搜岩熏穴所得金石古泉、名印邮钞，就都下落不明了。

寒云住上海白克路侯在里时，某年春节，忽发雅兴要兜喜神方，他芙蓉癖很深，所约上海遗少刘公鲁，又是起居无时的怪人，两人从刘公鲁的戈登路逛到威海路，已经是掌灯时分。恰巧合肥李仲轩住宅就在新重庆路上，李、刘累代戚谊，寒云跟李家也是姻亲，所以径自登堂入室，直趋李弥厂的佛日楼。恰巧笔者正跟弥厂、栩厂昆季摇升官图。普通升官图是用木质“捻捻转”四面分德财功赃来捻，以定升降，我们玩的是用六粒骰子来摇，两幺为赃，两二为由，两三为良，两红为德，两五为功，两六为才。每人有两个标志，一代表官爵，一代表差事，先摇出身，然后再按所摇出点子依序升降，先小后大。如果出身是正途，如无赃由，自然入阁拜相，可以封爵大贺；如果出身是僧、道、医生，终其身是僧纲司、道纪司、太医院院正，积资到正二品就按原品休致了。最妙的如非正途出身，无论如何功勋盖世，是不能升大学士入阁拜相的。

据李仲轩前辈说："这种升官图虽然是一种游戏，可是能让人了解爵秩贬退黜陟的途径。升官图可以远溯到汉，唐宋元明都有升官图，不过古代叫'部图'，虽然是游戏，可是对于历代官阶就可了如指掌了。"李府每逢春节，年轻一辈的人，都要玩几次升官图，那比玩麻将、打扑克有意义多了。寒云虽然见多识广，可是那种升官图他没玩过，于是一局又一局玩个不停，精神不济，大家以参汤代茶，不知东方之既白，一直玩到灯节才罢手。

后来他写了一本《雀谱》，详其沿革，记其嬗变，又把由明迄清各地叶子戏又名马吊牌，图、位、法色以及打法，合编一书名为

《叶子新书》，就是摇升官图摇出来的雅兴。前年在香港友人处曾见原著，瓷青面仿宋方体字，宽天地头古色古香，惜在客边，匆匆一阅，未窥全貌，颇觉怅惘。

他有一次请笔者到西藏路路口晋隆西餐吃西餐，我知道他从不穿西装，更不爱吃番餐，何以偏偏请我吃西餐呢！结果他知道我与他同嗜，最喜欢吃大闸蟹，同时在上海花丛中的红倌人富春楼老六，跟我们也有同嗜而且量宏。寒云发现晋隆做的忌司烤蟹盖，肉甜而美，剔剥干净，绝无碎壳，不劳自己动手，蟹盖上敷一层忌司，炙香膏润，可以尽量恣飨。他准备了三十只，结果我们拼命大嚼，也不过吃了二十多只而已。

彼时寒云对富春六娘至为迷恋，日傍妆台。他先后娶了温雪、眉云、无尘、栖琼、小桃红、雪里青、琴韵楼、苏台春、小莺莺、花小兰、高齐云、于佩文、唐志君等妾姬十五六人。他认为富春六娘浓艳冷香、善解人意，应为群芳之冠。他特地请金石大家缶老写了一方篆额“海上潮声”，取唐人“潮声满富春”句意，裱好，悬在富春楼香闺，过了不久忽然绝迹不去。有人说富春楼曾经给寒云磕过头，列入门墙，自然不便百辆迎归。其实富春六娘拜寒云为老头子，只是酒后一句戏言，主要是张长腿的手下大将毕莘舫庶澄，到上海洽公，颇昵六娘，名为在火车上住宿办公，实际昼夜都在六娘香闺流连起腻。寒云恐怕惹出是非，所以才跟她断绝交往的。寒云常自比陈思王，有一次梅兰芳在上海大舞台演出《洛神》，有人怂恿梅畹华情商寒云爨演曹子建，寒云初颇意动，经再三考虑，恐遭物议，拒绝登场。所以有人说寒云一生放浪不羁，其实临到大节他是丝毫不苟的呢！

民国二十年三月间，他以猩红热不治，享年四十有二。幸亏潘馨航笃念旧谊，把他丧事倒也办得风光旖旎，灵堂里挽联、挽诗，层层叠叠多到无法悬挂。其中梁众异的挽联是：“穷巷鲁朱家，游侠声名动三府；高门魏无忌，饮醇心事入重泉。”贴切允当，可以说是最出色的一挽联了。黄峙青有两首七律挽诗，其中“风流不作帝王子，更比陈思胜一筹”两句，直把寒云心事一语道破，寒云地下有知，应当许为知己。

多子王证婚忙

以前上海商会会长王晓籁，因子女众多，大家叫他“多子王”。一般人家举行结婚典礼，都喜欢讨“多子”这个口彩，请王晓籁福证。王交游广泛，在上海交际场合，是著名有求必应的烂泥菩萨，差不多天天都要给人证婚。逢到节日，或者黄道吉日，一天给人证个几次婚乃常事。喜礼虽只送喜幛一悬，可是架不住家数多。王晓籁平素只是兜得转而已，并不是真正富有，日积月累，这笔送喜幛应酬费可就非常可观了。

大家知道之后，有人给他想出一个绝妙送礼办法，哪家请他证婚，他只做一份喜幛上下款送给办喜事的人家，由本家自备喜幛悬挂中央，这么一办，可真给王会长节省不少开支，解决一项头痛问题。

王因应酬太多，给人证婚，一听婚礼进行到证婚人退，就赶快鞠躬下台再赶一场。所以他也极少证过婚坐下大吃大喝过，主人家觉得情谊未周，请证婚人定个日期送一桌酒，或是外会或是堂吃，确实给王会长解决了若干问题呢！

我的朋友夏元瑜

今年初夏，元瑜兄拿了一张他的道装造像给我看，银髯飘拂，发髻高耸，博领鹤氅，道貌岸然。仔细一端详，他眉宇之间比起王半仙似乎多点仙风，看他安详渊穆的神情，比起张铁口又多些道骨。仙凡有别，自然令人肃然起敬，大家尊称盖仙，实在当之无愧。

他的大作第三集《以蟑螂为师》即将付印，他的《老生闲谈》《老生再谈》两本文集，在他自己来说，是“大拼盘、大杂烩、全家福”。照我看来，不但是包罗万有，无所不容，而且针砭世情，婉而多趣。以他的见多识广，加上珠玑满腹，一集比一集精彩多姿，那是不问可知的。

从前唐代的孟东野对于论文精辟深微，后世所推崇他喜欢拿“德、容、言、功”四个字来衡文论诗，以至于处世做人，都拿以上四个字作规范。往细里一研究，的确是有至理存焉。元瑜兄的大作，以“德”来说吧：写写文章的人，由陌生人而变为文字交，由文字交进而成为刎颈交的，古今中外都不乏其人。可是远从撒哈拉大沙漠，披星戴月，兼程万里，回到祖国来拜师，执弟子礼的，虽然不是绝后，最少可以说是空前，那是谁，就是现下驰名中外的女作家三毛女士啦。想不到三毛女士拜师不久，半中腰杀出一位程咬金——影剧双栖名演员钱璐女士—不但抢着拜师，而且还愣要当师姐。您想想要不是元瑜兄“德”孚中外，能赢得若许优秀弟子来程门立雪吗?

以元瑜兄的尊“容”来讲，当然不是卫叔宝的风神秀异，也不像周公瑾的雄姿英发。

可是亲戚朋友，聚在一块闲聊天，一提到盖仙，凡是没瞻仰过盖仙风采的人，都想找个机会一识韩荆州，瞧瞧大名如雷贯耳的盖仙，到底是怎样一个长相。因为他说自己的长相以老瘦高丑为记，又说他的年龄，看后影儿只有五十郎当岁，看门脸儿七十还出头。愣是把自己说成神头鬼脸，让人觉得高深莫测，更是招得人渴欲一见。您就知道他那分尊“容”多么引人入胜啦。

元瑜兄自称是盖仙，纵然他不是苏秦、张仪舌辩之徒，可是摆起龙门阵来，不管是京油子、卫嘴子，大概全不是他的对手。逢到三五知己，促膝清谈，或者高朋满座，笑语喧天的场合，只要他三言两语，准保让大家捧腹解颐。他还有一宗美德，是捧人时多，骂时少，闷来时拿自己逗个乐子那是常有的事。他对一般人除非真是祸国殃民、十恶不赦之徒，是极少开骂的。纵或是骂，也是极端含蓄蕴藉，不会让对方下不来台。只可惜他生不逢时，假如早生几千年，能排列到孔老夫子门墙，当个语言科掌门大弟子，以他的才，那是足可胜任的。

不才是个四体不勤、笨手笨脚的人，对于元瑜兄的心灵手巧，从心眼儿里，就佩服得五体投地。他大至虎豹狮象，小到猫狗虫鱼，活的动物他能让它服帖驯顺，死的动物他能开膛破肚、抽筋扒皮，最后做成标本，栩栩如生，永垂千古。至于仿古董名画，摹塑钟铭鼎彝，更是苍浑古拙，可以乱真。不才要不是头秃齿摇，手僵指硬，真想跟夏老兄学个三招两式，来打发有生之年呢。

说来说去想当年胡适之先生在北大红楼讲红学时说的一句话，拿来形容元瑜兄的文章最为恰当。胡博士说，时常有人问他，怎么样才能写出好文章来，他说："你想怎样写，能够痛痛快快、随心所欲地写出来，就是好文章。"话虽简单，做起来可并不是一件容易的事，不才拳拳服膺这两句话，可是几十年来始终达不到那种意境。现在读了元瑜兄的大作，不管是长篇大论或是小品散文，兴之所生，想怎么写就自自然、一挥而就写出来，不但妙趣横生，而且有灵性有哲理。看他的文章，有如对坐听他聊天一样的真切，这是我个人的感觉，不知道各位读者是不是也有同样感觉呀?

中国瑰宝： 万里长城

地球上最伟大的建筑物，可能要属中国的万里长城了。人造卫星在外太空拍摄送回的地球照片，诸如举世闻名世界十大工程，在照片中都无法显示，只有蜿蜒如带的这条蛰龙——万里长城，可以看得清清楚楚，据说这是太空科学家们提出来的报道。

最近外电报道：我国古代最宏伟的建筑工程，闻名世界的万里长城，目前已遭到严重破坏。中国新华社更进一步指出："在河北省兴隆县，逶迤于群山之间的长城已被腰斩，城墙、城基被砸得一片稀烂，连附近一座烽火台也被拆成一片废墟，被夷平的基址上，有的垫上土，准备种地，经过实地测量，被破坏的那段，足有五百多里来长。这一带长城，凡是靠近村落或山势较缓的地方，都已拆毁殆尽，甚至于观光胜地八达岭，游人举目可见的地方，都未幸免。”

我看了这段消息，心里真是甜酸苦咸，百感交集，有一种说不出的滋味在心头起伏。抗战之前笔者奉铁道部派驻北平办事，凡是欧美研究地质铁路、跟铁道部有关系的学者专家来华考察，旅程只要包括华北，万里长城属于居庸关、八达岭、南口这一段，那是必定列为观光考察重点的。我第一次招待铁道部的贵宾是比利时铁路工程专家，他们一行五人，是有备而来，好像入太庙每事必问，事无巨细，都要问个水落石出。我在大学读书时期，每年春季旅行，就喜欢去南口、八达岭攀登九塞，长啸遐观，在墱道雉堞间，总会发现古代战争所用金石箭镞镝，去一趟多多少少都要拣些这种形式不同的纪念品回来，可是对于长城各关隘的情形，始终不十分了解。

然而外宾如此重视，我又有引导参观的责任，实在应当彻底研究一下，这种资料书上只有一鳞半爪，并不完全，幸亏我在北平图书馆碰到一位经管善本图书的姚卓吾先生，他在光绪庚子年（1900）前后做了两任居庸关把总，所以对当地一切情形了若指掌。据姚先生说：在河北省长城重要关隘有四处，古北口、居庸关、喜峰口、松亭关，元明清三朝都倚为北门屏障。喜峰、松亭距离北平稍远，居庸关是北门锁钥，“居庸叠翠”又列为燕京八景之一，所以逛长城的，游踪所及，自然以此处为重点了。

长城为中国古代国防要塞，在战国时代，燕赵秦就各筑长城作为疆土屏障，到了秦始皇统一六国，才大举发动民夫把首尾加缀起来，西边从甘肃省安西县布隆吉尔的嘉峪关起，横贯河北、热河、察哈尔、山西、陕西、绥远、宁夏、甘肃八省，直线距离是五千五百四十里，约为地球周围十二分之一。若是顺着长城地势，堑山堙谷，环带起伏来测量，实际长度达一万二千多里，所以叫万里长城，并不算夸大其词。城的高度从十五尺到三十尺，宽度十五尺到二十五尺，内填三合土，外用砖石砌建，极为坚致，日久凝结，刀斧不入。城上外建雉堞，内护石栏，中有甬道，每隔三十六丈筑有一座墩台，旧时设官分守，常积熢燧。明朝定制，重要墩台并另贮疙疸粪（疙疸粪据说就是狼粪，其烟直上，风吹不斜）三十斤，如有匈奴犯边，白昼举烟，夜间举火。

居庸关青龙桥一带，不但地势屹屼险巇，而且名胜古迹也特别的多。居庸关在延庆县，平绥路筑有车站，地势居高临下，俯瞰关城历历在目，两山巉绝，中若铁峡，是秦代兴建的，北齐叫它“纳款关”，唐代改名“蓟门关”，元朝改名“居庸关”。明朝洪武元年大将军徐达认为是边防重镇，又重修加固，城门上又建了一座云台，秦关丽堞，崇垣环互，气势雄壮之极。下辟甬道，以通车马，洞壁遍嵌释迦世尊、金刚力士，宝象庄严。工程精巧，另有西夏文《陀罗尼经》石刻，体势劲媚，自成一家。关北在巉岩耸立的深涧中，有一方高空坠石，人称“仙枕”，露在水面上有两丈多高，有位太行散人在石上刻满了诗句，可惜涧底幽暗，无有摄影。关西有一座李凤墓，就是明武宗微服巡幸大同所遇酒家女李凤，回京时候走到居庸关病殁，就在关西营葬。墓草纠绕，其白如雪，大家因叫它“白冢”，跟王昭君的青冢，都是塞上奇观。万山深处有一条悬泉，惊涛澎湃，如练如啸，峭壁上镌有“龙门喷雪”四个大字，笔力豪赡，是明朝严嵩所写，比北平六必居酱园那块匾，写得还要风神逸宕。可惜远在深山幽谷，鲜为人知罢了。

想起了天安门

天安门明代叫承天门，到了清代才改为天安门。听说闯王李自成攻陷北京城，在午门前头棋盘街一场大战。天街御路有几十块云白石条，很显眼的新旧有别。浴血巷战，血渍斑斑，浸入石板，怎么刷洗总是殷然不退。等到大清定鼎中原，顺治要去天坛祭天，才把染有血痕的石条换过，所以御路上的石条有新有旧。

午门华表左右各有雄伟的神骏石狮子一对，右边狮子肋下有一个中指粗细、五六分深的箭眼，四周还有烧焦的痕迹。故老传说李自成进北京一共穿了两箭，一箭射在西安门门洞直匾上，民国二十几年笔者离开北平时，那支箭好像还钉在那座直匾上呢。一箭是李自成一进前门，就祈祷上苍，如果能登大宝，这一箭就射中五凤楼，不幸这一箭射中石头狮子的肚肋。不管怎么说，距离几百米，一箭能够穿石，李闯王的臂力，足可媲美李广、养由基啦。

在元明清三代，午门是皇宫最重要的第一道正门，门上有五座楼（京剧里的《五凤楼》，大概是指这五座楼）设有钟鼓，要有重大荣典才能鸣钟击鼓。清代对传胪大典贴黄榜，极为重视，由内阁大学士、礼部堂官把黄榜从御案捧到云盘里。黄盖仪从直出午门正门，将黄榜连同云盘放在预先停放在午门前的黄亭子里，仪仗前导，到长安左门外张挂。状元进士们随同看榜，顺天府伞盖仪从送状元回府。这一套午门之前传胪大典，遥想当年天安门门里门外是多么风光热闹呀。

还有一件巧事，北平城门虽然说里九外

七，可是从南到北一条正子午线上来说，是中华门、正阳门、端门、午门、北上门，把各门名称简化一排，正好是“中正端午北上”，想当初北伐成功国民党最高领袖蒋公就是端午前后到达北平的，您说有多巧呀。

听老一辈人说，在庚子年八国联军进北京之前，横盘街一带房舍栉比，有几座大衙门都设在那儿。自从拳乱，洋鬼子进城一把火才把那一带烧个土平。后来何其巩当北平市长，要把天安门广场美化，由园艺专家谢恩隆负责从农业试验场（原名三贝子花园）移来大批花木，原则是要做到天安门一带永远有四时不谢之花。所以从梅花、腊梅、桃、杏、刺梅，以及白丁香、紫丁香，不但种类繁多，而且名葩异种尽量栽植。每到花季，真是玄霜绛雪，香气蓊勃，尤其白、紫丁香开时，盈枝灿烂，蜂狂蝶绕，婉约绮媚，耀眼迷离。当年袁项城二公子豹岑，赋性疏放，诗酒风流。他说喝酒一定要找一个宜于畅饮的地方，中南海虽然有个“流水音”可以曲水流觞，但是铜臭气太重，是个雅中带俗的地方。丁香花开，三五知好，提樽榼壶，在天安门内紫宸丹阶花前席地，放言纵饮，花香酒香揉成一体，是俗中有雅。至于大雨滂沱，抠衣涉水，直趋天坛祈年殿，白玉丹墀看龙首喷流，有如万马奔腾，仿佛回天钟鼓，连干数觥，顿觉氤氲含吐，宇宙蟠胸，那种情怀，不是身历其境的人，是没法体会出来的。想当年天安门春暮夏初，人是懒洋洋的，花是中人欲醉的，凡是曾在天安门花丛里徘徊过的人，可能都还有不能磨灭的印象。

想起了老君庙

上个月,《锦绣河山》节目讲到了西北的老君庙，特地请采矿专家董蔚翘先生，把老君庙石油城开发或西北油田，从甘肃油矿筹备处，一直到探勘凿井出油成立甘肃油矿局为止，都作了很详细的叙述。我现在把老君庙的风土人情，以及我们在台湾意想不到的事来谈谈。

从甘肃酒泉出发去老君庙，是要经过万里长城最西边嘉峪关的，长城虽然年久失修，有的地方崩坍倒塌，可是嘉峪关高寒磔竖，城郭巍峨，朝霞夕晖气象万千。站在关上眺望，关里关外，虽然仅仅是一墙之隔，关外是极目苍茫，黄沙无垠，既无人车鸟兽，更无花木疏林，就像一叶孤舟，处身流沙瀚海。西北有一首民谣："出了嘉峪关，两眼泪汪汪，前面一片海，后面一座关。"任凭你是意志多么坚强的人，一迈出关门，都有前路茫茫，空虚寂寞的感觉。

在嘉峪关城墙外边，有一堆三尺高的大大小小的石头子，据当地人说，凡是出关的旅客，都喜欢先到此处城墙上掷几块石头子，当卵石从空中滚到地面的时候，石头子会发出像燕子吱吱的叫声，假如没有燕子叫的声音，就表示此行不太顺利，甚至于再进嘉峪关多半是仰面还乡啦。因此出关的客商，十之八九都要跑到城上扔几块石头子来试一试，说穿了塞外风高，卵石相撞，自然发出回音。您别看这一堆不起眼的乱石头，不知谱出了多少出关人当时沉重的心声呢。

甘肃一带，离海遥远，东面祁连山是云横山岭，交通阻隔，除了陇南每年有少许雨量之外，其他地区，有时终年不下雨，整天刮风沙，就是耐旱的草木，也没法儿生长。老君庙的甘肃油矿区，虽然想尽了各种方法，打算把矿区绿化，种了一些耐寒抗旱的树木，雇了若干专人，经常施肥灌溉，过了重阳还要拿马粪麦子秆，将树枝树干，一齐包扎起来，那种勤慎呵护，真是视若上苑的琼枝玉树。等到春风解冻，节近清明，才敢脱衣卸甲，让那些柔枝弱草，承受点朝阳夜露，就这样嘘寒问暖，仍旧枝叶稀稀落落，像一把用旧了的鸡毛掸子，可怜兮兮地随风摆摇。矿上机电工程师最早是靳锡庚先生，有一天他半开玩笑地说，矿里大量出油可能为期不远啦，可是要把矿区绿化美化，到二〇〇〇年，还不知能否达成这个目标呢。这虽然是句笑谈，但是也可以看出，在老君庙一带栽植花木，是多么艰难。

谈到西北人民的生活，由于自然环境条件太差，农产品稀少，物资又特别缺乏，衣食住行，一切生活境况，不但比不上长江流域的人，就是跟直鲁豫一带人民来比，也要差着一大截呢。男女老少每人一件白茬子羊皮袄（没有上布面的皮筒子，可不像怪侠欧阳德反穿），白天当衣服，夜晚就成了被窝啦，一年四季都是这件破羊皮袄。当初有位宦游西北的官儿，怕内眷吃不了那么荒寒的苦头，所以久久没有接眷。想不到这位太太把事想歪了，以为老爷在外秘密走私金屋藏娇，这位官员倒也风趣，在无可奈何之下，写了几段似诗非诗，诉说塞外苦况叫“七笔勾”的词寄给太太，其中说到穿衣服是：“没面羊裘，四季常穿不肯丢，冬帽尖而瘦，棉裤大而厚，绸纱用不着，白布染黑油，黏膻又腥臭，被袄何曾有，因此把绫罗绸缎一笔勾。”这位官眷看了这首词，再跟去过西北的人一打听，果然不假，才打消了随任的念头。

讲到吃喝，日常杂粮是主食，要是吃面条包饺子，那就是吃犒劳啦。大葱大蒜辣椒，都是每餐的必需品，甭说鱼鳖虾蟹，离海太远简直是少而又少，就是白菜冬瓜韭菜茄子一类普通菜蔬，也是视同珍馐。在当地里脊肉汆黄瓜、肉丝炒韭黄，都能上酒席，可是来个烧烤黄羊子、红焖驼峰，在大陆酒席上列为名菜，这在老君庙，反而稀松平常了。尤其驼峰简直是一兜儿肥油，令人没法下咽，可是当地卖力气的朋友，都是整块肥油往嘴里塞。据说驼峰的油不但耐力，而且抗寒。有人形容当地吃喝是“奶茶进一瓯，饼子葱椒醋，锅盔蒜下酒，牛蹄和羊蹄，让你吃个够”。

讲到住处，因为天气太冷，刮起黄沙来漫天蔽日，昼夜不停，所有的房子，虽然都是砖石建造，可是屋顶，十有八九都是涂泥辗光压平，家家屋顶全都打扫得干干净净，妇女们可以在屋顶上一边晒太阳一边做活计，孩子们可以摆张桌儿做功课，也能弹球踢毽儿，蹦蹦跳跳地玩。因为每家房子都是平顶，你到我家串门子，我到你家聊闲天，你来我往大家都可以高来高去。刚一去到的人，总觉得自己的家，像不设防的城，太不严紧，可是久而久之，也就惯了，这也是当地特殊的风光之一。

至于说到西北一带住窑洞，不但冬暖夏凉，有的窑洞内部轩敞清幽，气势雄伟，布置纡回。有位豫籍宦游西北的金开宪老先生因爱住西北的窑洞，致仕之后，就在老君庙附近住下来。他的窑洞，以松柏做梁柱，以玻璃云母来透明，那真是楹槛斋丽，苍浑古拙，一入其中，尘虑悉消，无怪此公长住窑洞，乐不思蜀。有人挖苦西北住窑洞说是：“未雨绸缪，窑洞低洼尽土修，夏日难晒透，阴雨偏偏漏，土块当砖头，灯油墙上流，马粪牛溲，腌臜腥且臭。”未免说得刻薄过分。可能那位先生，没到过敦煌莫高窟千佛洞口以及豪门巨室华丽的窑洞，才把窑洞说得不堪。至于所说，腌臜腥且臭，因为西北人家都睡土炕，而薪柴缺少，大家把牛马骆驼粪晒干了当燃料，那股子味道确实让人受不了，那倒是一点都不假。

谈到交通问题，地广人稀，辽阔无涯，沙漠戈壁浩瀚冥密，所以西北在行的方面，似乎一直使用着原始交通工具。起旱（陆上旅行之谓）多一半是骆驼，连骡子驴马都不多见。在沙漠里，骆驼食水都可以自己储存，比骡马得用多啦。有的地方需要经过黄河的汊子，滩多水急，没法行船，于是有一种用牛皮做的筏子。这种牛皮筏子，好像也是西北一带所特有的，把整头牛切除牛头抽骨去肉，先是用风箱，后来用气筒灌足了空气，多少只牛皮用绳串在一块儿，上头铺上木板，就成了平平坦坦的牛皮筏子啦。就是触礁刺破了一两只，也不会立刻发生沉没的危险。抗战初期矿区的油，就用牛皮筏子装运，后来矿区有个矿工叫贺维智的，他忽然灵机一动，既然是运油，皮筏子何必打气，干脆灌油。这么一来每次运油量多了两三倍，油的成本也大大降低。所可惜的这种牛皮筏子，不能装置动力，只可一泻千里，不能逆流而航。到了下游，还要拖出水面，放了气，把皮筏子折起来，再背到上游，做第二趟买卖。

过了嘉峪关，有一条青云公路，这条五六十公里长的公路，是专为甘肃油矿而修的，离矿区还有几公里，就可以看见孤峰磔竖，巍峨插云，四根硕大的水泥柱子，那就是老君庙矿区咽喉要道，同时也是象征性的大门。任何进出矿区的行人车辆，一定要在检查站登记，虽然是四面不靠孤零零的几根柱子，可是从来没听说有谁敢偷关越卡，不办出入登记的。

正对矿区大门是总办公厅，左边是来宾招待所、祁连别墅，来矿区的宾客，都得住在那里，在当地来说，不但是设备完善，简直是富丽堂皇啦。右边是单身宿舍，又叫“光棍营”，光棍营有一句俏皮话是，矿区住三年，看见母骆驼也变成了长脸儿的美人啦。由此可想矿区的生活，有多么枯燥。因为交通困难，环境特殊，生活枯燥，所以当局极力鼓励员工携眷来住，一方面在员工和眷属，衣食住行教育福利事业，特别重视，办理得也就尽善尽美。除了自办学校、医院、牧场、农场、碾米厂、面粉厂、砖瓦窑、陶瓷窑以外，还有一个供应社，那真包罗万有，洋广杂货，一应俱全，简直可以说是个大百货公司，并且还代办理邮电业务。另外还有一个蔬菜部，比现在超级市场还要伟大，每天要从各区农场，以及到八十多里外的酒泉，把矿区好几万人所需要的油盐菜蔬鸡鸭肉类，都能按人口的多寡定量分配，像油米清水燃料油一类东西，还能补给到家。

凡是来到矿区工作的员工或是眷属，一经登记报到，就发给一本居住证，将来享受一切福利，就凭这本居住证了。虽然矿里福利办得那么周到，件件都能替同人设想，可是生活在塞外荒凉，好像另外一个世界，已婚的担心子女将来教育问题，未婚的一想到自己的终身大事，更是绕室彷徨，恨不得飞离矿区，另谋发展。总而言之，在矿区的员工，尽管生活安定，可是那种枯寂无聊，孤陋寡闻的环境，住久了谁也受不了的。

抗战刚一胜利，矿上从上海来了一位新从海外学成归国的李工程师，他是携眷而来，太太是玻璃皮包玻璃丝袜，先生是玻璃背带玻璃表带，竟然闹得全矿区都轰动了。当时大家总想着玻璃那么脆，怎么能做皮鞋背带。所以孩子们经过这个玻璃家庭的门口，总要往里张望张望，就是大人经过时也少不得要多瞄两眼想瞧瞧这一对摩登夫妇。

老君庙到了冬天，只要冷着冷着一回暖，往天上看，只要西北角一发黑，准会下一场大雪，大雪之后，矿区运输处可就忙啦，不但要扫除积雪，清理道路，最头痛的一项工作，是雪霁天开，必定有若干人家迎街大门，各屋的窗户不但被雪封死，而且结冰，交通隔绝，没法进出，只有请求运输大队，派车支援了。被雪封冻的门窗，变得酥而且脆，用不得蛮劲，只有用水罐装足了开水，挨家用热水去化雪。

现在台湾的哥儿姐儿们，每到冬天一听说合欢山积雪盈尺，大家欢喜若狂，呼朋唤友背着雪橇，扛着冰鞋，联袂到松雪楼溜冰赏雪，堆雪人，打雪仗，那股子兴高采烈的劲儿，真是令人羡煞。可她们和他们又焉能想到在我们中国大陆，隆冬苦寒的西北，下起大雪来，是什么滋味儿。

老君庙一带地势，是在海拔三千米以上，每年仅仅是四月到八月屋里可以不必生火，大家可以舒散舒散筋骨，穿穿夹衣服，其余的月份，简直都是冰天雪地，过着缩手冻脚的生活。咱有位苏州朋友席先生，平素就体弱怕冷，来到矿区工作，正好是已凉天气未寒时，他老人家脚上没离开过毛袜子，手上永戴着绒手套。那年又赶上特别冷，老君庙最低气温到过摄氏零下二十三度，冷得那位席老兄，不顾一切写了一份辞呈，没等批准，就襆被进关愣给冻得弃官而逃啦。

矿区有一次举行同乐晚会，有一出戏是《打面缸》，戏里的王书吏要用一把芭蕉扇，这一下可把剧务给难住了，找遍了全矿区，也没有芭蕉扇，后来用马粪纸画了一把芭蕉扇给王书吏，才算交代过去。听说有一次演话剧，需要一把破雨伞，整个矿区里都找不着。由此可见矿区雨量稀少不说，简直没夏天，所以扇子也派不上用场啦。这个笑话，是凡在矿区住过的人，都听说过。

另外还有一件顶有趣的事，据说凡是在老君庙油矿工作的同人，如果在矿区病故，那时候还不时兴火葬，都是七尺桐棺，雄鸡领路，万里关山，仍旧要把灵柩运回故里安葬。居然会有死者亡魂向活人托梦，还有亡魂附体，又哭又闹，恳求矿务局发给护照，加盖正式关防，在灵柩通过嘉峪关的时候当场将护照焚化，以便亡魂能够顺利过关。油矿当局为了安慰人心，也只有照发不误。矿区有位文牍贺先生，平生最喜欢搜集奇文，关于呈请发给运灵护照的签呈，他选择了几篇最精彩的收入他的《奇文共赏集》。据他说集子里最精彩的一篇是太监身故，请赐还遗体（太监净身后，切除物存宫为证）附葬的手折，典雅裔丽，令人毫不觉得是一件见不得人的事儿呢。民国三十六年这位贺先生只身来到台湾，可惜他穷毕生精力搜集的奇文四百多篇，都来不及携带来台。否则他那些奇文，出本专集，茶余酒后翻翻，准能让人消痰化气呢。

北国江南燕山北

唐代诗仙李太白，在他《北风行》诗里说："燕山雪花大如席，片片吹落轩辕台。"描写塞外风雪，凛冽苦寒。想不到就在燕山之北，却有一座名城，冬不酷寒，夏宜避暑，这就是久为众口交誉的"北国江南"承德。考诸典籍，这座名城在元明时代是默默无闻的，到了康熙年间才鸠工聚材，在这里修建了一座名园"避暑山庄"和"溥仁""溥善"两座佛寺。到了乾隆时期，又相继修建了九座寺庙。而康乾两帝，以及后来几代皇帝，每年总要有近半年时间住在那里。咸丰龙驭上宾，肃顺等阴谋夺权，慈禧跟恭亲王奕䜣叔嫂秘议里应外合，不动声色弭平巨变，都是在承德行宫完成的。实际上，承德行宫俨然是清代第二政治中心，所以才名播遐迩，中外咸知。

往返京师朝发夕至

康熙、乾隆两位都是清朝聪明天亶的皇帝，何以要在荒凉的塞上经营别院、兴建寺庙呢？那就不能不佩服他们的高瞻远瞩，烛照万千了。

清朝在入关之前就已经跟蒙古结成联盟，成立蒙古八旗军。自从底定中原建都北京之后，从康熙二十年（1681 年）起，每年初秋都要由蒙古的王公亲贵轮流陪同到内蒙古“翁牛特”和“喀喇沁”等部落牧地木兰围场去狩猎。一方面怀柔远人，同时还有了解民情、加恩各藩、理疆备边的含意。康熙在塞外选中木兰围场这块大草原，每年大举行围射猎，还有整军经武、扬我神威，使蒙古各部畏威怀德不敢有二之意，并非完全为了个人享乐。清朝皇帝从京师出发，由古北口到围场一共有大小行宫十九处。由于承德地方“形势融结，地实坚美”，去京师驿递奏章，朝发夕至，综理政事与在宫内无异，所以在承德大兴土木，建立大型离宫。康熙为了笼络蒙藏各族部落，当然就要崇敬这些民族信奉的喇嘛教，于是在离宫之外，又开始兴建外八庙。

避暑山庄是中国皇家最大的一座园林，面积广袤达八千四百余亩，周围的苑墙就有十多公里，内分宫殿区、湖泊区、山岳区、平原区四个部分。园内有康熙题的三十六景，后来乾隆又续题三十六景，一共是七十二景。

宫殿区是皇帝每日临政、举行庆典和避暑消夏的地方，位于园的南端，完全是传统式宫殿建筑。正宫是皇帝居住的主要宫殿，皇帝身居九重，有九五之尊，所以要有九层院落。大门叫“丽正门”，有乾隆御笔题字匾额，这座门内才是外午门、内午门两重宫门。内午门又叫“射阅门”，是皇帝校射的地方，门上匾额康熙御笔“避暑山庄”四个大字。康熙不像乾隆到处题诗留字，大字尤为难得。门前一对铜狮子雄踞左右，威猛生动，工艺精良，比三大殿、颐和园的铜狮子都精细岐嶷，是清宫里最精湛的一对。据说熊秉三任热河都统时，曾经打算把这对狮子搬走，可是雇了若干工人，丝毫没能移动，只好作罢。正殿叫“澹泊敬诚殿”，是臣下启事、外藩觐见处所。

古柏荫天苍劲挺秀

乾隆四十五年（1780 年）七月，班禅活佛自西藏到承德来朝，就是在此殿跪请圣安的。乾隆因班禅来朝，以两个月时间学习藏语，居然字正腔圆。班禅本佛不拜佛原则，本来不准备跪拜的，临时慑于天威咫尺，不知不觉屈膝行了跪拜礼。正殿以北是依清旷殿，内有乾隆御笔“四知书屋”，是皇帝在举行庆典前后宴居休息所在，只有重要近臣才能得到在此屋被召见的殊荣。院内古柏荫天，苍劲挺秀。皇帝寝宫叫“烟波致爽殿”，殿宇壮阔、满室缥缃。皇帝御榻设在西套间，床后设有暗门，通往秘密夹道。如果遇有什么危险，皇帝可以从暗门进入走避。据说咸丰皇帝在烟波致爽殿病榻临终弥留时，慈禧就是从这道暗门溜进去，躲在帐子后面，偷听咸丰遗诏后，才策划回京夺权的。

松鹤斋在正宫以北，原是皇太后颐养的地方，紫翠丹房，幽帘清寂，廊腰回缦，便于皇帝晨昏定省。靠近松鹤斋有万壑松风殿，康熙常在这里批阅奏章，引见臣下。乾隆幼年来到山庄，就曾随祖父住在此处读书，后来御极，怀念圣祖对他的恩宠，因而赐名“纪恩堂”。出殿而北，循青石磴道而下，就进入湖泊区了。

湖泊区中间是芝径云堤，往北是如意洲，云水澄鲜，林木明秀，湖区景色，全收眼底。如意洲是湖里最大岛屿，正宫未盖好之前，康熙每年驻跸承德，就住在这里处理政务。洲上有座无暑清凉殿，璇台渌水，紫殿金铺，潭澄玄镜，茂阴参天，可以说是天人佳境。延熏山庄是如意洲上的主殿，馆宇敦朴，不雕不饰，启北户、迎熏风，别是一番清雅风趣。

在举行小型庆典时，有时也在这里赐宴扈从大臣。如意洲西北有小岛叫“青莲”，有一小桥使洲岛相通，乾隆仿嘉兴烟雨楼，筑楼其上，亦名“烟雨”。每届夏雨，云水茫茫，楼台烟雨，宛如身在江南。从“万壑松风”沿湖而东，又是另一条入湖通道。经过“卷阿胜境”“水心榭”风景多处，最初都是驻足小憩之地，后来乏人管理，只剩下些假山乱石而已。由水心榭而北，绿阴交荫，紫曼丹荑，中有月色江声殿。此处为四合院格局，回廊连接；廊庑四达，白石清泉，清风习习，是皇帝读书的地方。再往北，地势起伏，高岩四合，在最高处仿镇江金山寺，建有一幢三层六角形的上帝阁供奉真武大帝、玉皇大帝；最宜登临远眺，欣赏波光岚影、云烟万状的无边佳景。

缃荷出水珠药盈房

沿东岸上溯可达湖北隅的热河泉。在东北塞外，温泉不多，此泉温度尤高。当深秋九月菊花盛开之时，因为湖水温润，缃荷出水，珠药盈房，看的人都认为菊荷竞爽是一奇景。沿湖西北岸有五座方亭，檐牙高啄，金霓耀彩，比北海的五龙亭还要壮观。亭的北面有一望无际的平原，高柳千章，芳草如绣，乾隆书碣为“万树园”。据说当年密林之内麋鹿徘徊，禽鸟翱翔，草丛之中赤狐野兔出没无常。

这里是皇帝举行“大蒙古包宴”看烟火、

观马技，接见各族首领和外国使节的地方。所以大蒙古包圆顶厚缯，幄帘重重，左右星罗棋布，还有几座小圆帐篷，是王公使臣休息的地方。乾隆四十五年，皇帝曾在此处跟班禅和韩国正使看烟火，后来又在此处接见英国使臣马戛尔尼，以致英使回国后所写回忆录误会大清国皇帝住的是蒙古包。清代四大藏书楼之一的文津阁就在万树园之西，清代开设四库全书馆，馆内网罗了五百多位饱学之士编纂校抄，历时十年，一共抄成《四库全书》四部，其中一部就存在文津阁。后来历经兵燹战乱，其中三部已散佚或损坏，只有文津阁这部，送归北京图书馆保存，算是硕果仅存的文化瑰宝了。

山岳区在避暑山庄占地最广，约为全区五分之四。这是一脉自然山峦，中国古代造园匠师们巧妙运用因山为园的手法，把整个山岳区天然峡谷沟峪规划为四条路线，和山麓湖滨的几片风景区连为一体。最北一条山沟叫松云峡，峡中古木参天，峰峦如削，东侧有一方亭，雪后登临，远望“南山诸峰”，皎然寒玉，皓洁素凝，因名“南山积雪”。在它北边山坡上遍植枫树，叶茂阴浓，托衬出一片枫叶红于二月花的美景。

几经曲折就到了锤峰落照亭。在傍晚日落之前，从亭中遥望东边的磬锤峰挺立天际，是避暑山庄重要的借景。在乾隆时期，每年临幸热河，逢到重阳佳节，皇帝总要亲奉太皇太后到这里登高侍膳。由于它的形象奇突，在民间传说着许多神话，说很久以前，有两位仙人来到承德，被承德人的勤劳淳良感动，临走时把个金棒槌插在山顶，从此承德变成山明水秀的福地。从松云峡到锤峰落照亭，可以饱览山区千山万水无限风光，皇帝处理万机之余，偶或心慵意懒，来此啸傲一番，决疑定难，一切自然都能迎刃而解了。

建庙勒碑乾隆题字

热河的外八庙计为溥仁寺、溥善寺（今已不存）、须弥福寿之庙、殊象寺、广安寺、罗汉堂、普乐寺、普陀宗乘之庙、安远庙、普宁寺、普佑寺十一座庙宇。为什么叫“外八庙”呢？因为这些庙分为八个部分，乾隆时代划归北京雍和宫管辖，又都分布在避暑山庄外围，所以叫外八庙。

普乐寺是乾隆三十一年（1766年）特为哈萨克·布鲁特民族首领来朝觐而兴建的。其主殿旭光阁中有大型立体曼荼罗，是喇嘛教闻名世界的佛像造型，除西藏外，是大陆仅有的一个。

安远庙是乾隆二十九年（1764年）仿伊犁固尔札庙而建的。盖庙之时是由一位太监的族人承包，有偷工减料的地方，监工人员也不敢据实复验陈奏，所以现在只存主殿普度殿，正中供绿度母佛像，墙上画有佛教故事，庄严而带神秘感。绿度母是藏人最信奉的法力无边的大佛，据说安远寺绿度母像更具无上威力，每年总有若干信徒从西藏远来膜拜。

河西岸仅存的庙宇有：普宁寺，占地达三公顷，在外八庙中仅次于普陀宗乘之庙。一进院落，有一座石栏环护，重棼琼构的碑亭。碑文用汉、满、蒙、藏四种文字把建庙经过详述勒石，据说四种文字胥出乾隆御笔，所以特别名贵。中间主殿大乘阁里面三层拱檐，外面六层屋檐，五个尖顶，是模仿西藏桑鸢寺乌策殿而建，殿中供奉二十二米高的千手观音菩萨像，大佛的腰围有十米，重达一百一十吨。在大殿底层，只能看到佛的腿部，要登上三楼，才能平视佛的头部。这尊佛有四十二条手臂，每个手掌中有一只眼睛，他的头顶上，还有一座小佛——无量光佛，据说是佛的师傅。大乘阁象征须弥山，是佛住的所在。四外有四大部洲和八小部洲，这种传说，曾见诸古典小说《西游记》。另外殿的周围，有白、绿、红、黑四座喇嘛塔：白塔中保存着松赞干布文物，绿塔埋有若干宝藏，红塔下埋着佛的舍利，黑塔埋着西藏地区原始本教经典。

正北普陀宗乘之庙，是承德各庙宇中规模最大的一座，占地二十二公顷，从乾隆三十二年（1767年）始建，到三十七年（1772年）完工，形式完全模仿西藏拉萨布达拉宫。庙的山门像一座城楼，崇墉仡仡，气势雄壮，走进山门里就看见一座琉璃牌坊，金饰鳞鬣，虬龙蜿蜒，随着地势高低，又建了若干喇嘛塔，在最后山坡高处，耸立着大红台。

大红台位于高十七米用花岗石和砖砌成的白色石台上，外观有七层，里面实际有一圈三层高的群楼。大红台高逾二十五米，外面抹成红色。中部和顶端有桁梧复叠的琉璃佛龛，巍峨庄严，雕檐隐天。登上白台，站在大红台脚下，更感到气象不凡，回首东南远处，九天楼阁，琳宇梵宫，此身如在仙境。进入大红台，可以清楚看到周围三层倒塌群楼及残痕，有的木柱还遗留在墙中。红台的中央有座方殿，叫“万法归一殿”，屋顶涂金异兽，翠瓦金铺，在阳光照射下，闪烁焕烂，蔚为奇观。殿中罗列大小不等半跏趺坐无量寿佛铜像，反映乾隆建此庙是为他慈亲祈福祝寿的。在此庙东邻的须弥福寿之庙是乾隆四十七年他七十万寿，为了迎接班禅六世来热河祝寿兴建，作为班禅行宫的，建筑布局完全模仿日喀则的札什伦布寺。由此可知，清朝康乾时期怀柔远人，对于边疆民族是如何羁縻笼络的了。

依稀揣摩当年胜景

抗战胜利笔者于役北票煤矿时候，忽然接到热河高等法院传票，说是热河税捐处控告北票煤矿延误不缴纳煤类税收，限日报到出庭应讯，这类事自然是由财务处负责。笔者于是带了一位姓鲍的科长，前往承德应讯，当庭把接收煤矿后函请税捐处函告税则法令的公文呈庭核阅，结果税捐处查出是他们新旧处长交接时，把各国营事业这类查询如何办理缴税公文的函件没有答复就糊里糊涂归了档啦，税捐处查明属实，自知理亏，赶忙一面撤回告诉，一面到旅馆表示歉忱。接谈之下，那位处长是笔者世侄，经他挽留，既到承德，应当逛逛热河行宫。而与我同去鲍科长的尊人，晚清时期在行宫当过差，家里还存一份热河行宫全图，按图而行，虽然有些地方宫花萋冷，城阙生尘，总算保管得大致不差，依稀还能揣摩得出当年胜景。

光阴弹指，一瞬又是三十多年，灵台缥缈，历经世事，北望云天，遥想满山烟草，云冷苍梧，令人不敢想象了。

香留舌本白果羹

来到台湾三十多年，从来未看见过白果树（又名银杏树）。据嘉义农业试验所一位徐技师跟我说，他曾经从大陆引进过几株名种银杏，长到三尺多高时，发现全是雄性，没有一株是雌性的，全部不能结果，自然就放弃培植。此间每逢阴历新年，迪化街永乐市场几家大杂货店偶或有白果卖。先慈生前最喜欢吃发菜白果烩素什锦，所以我若见白果卖，总要买几两回来做素菜上供。

笔者幼年时节听前辈称，白果甘苦性涩，早年新娘子在婚礼之前，只要吃点儿白果，就可以在拜堂、坐帐这段时间不至于想起身小解。所以我小时候对于白果望之生畏，浅尝辄止，从未大量吃过。

民国十八年缪秋杰在上海召开全国盐业会议。四岸盐务公所主席潘颂平又是镇江商会会长，会后他约我们七八位岸商代表，游览金焦名胜，最后在焦山定慧寺吃素斋。焦山到处都是大小庙宇，其中以定慧寺历史最悠久，据说建于汉代，历代住持方丈都是年逾九十的长寿禅师。寺里有一株四人合抱不过来的银杏树，计龄已接近千年，此树所产白果，不去皮抽心亦不觉苦涩，吃久了能够延年益寿。

清代大儒梁鼎芬自从弹劾李鸿章，被慈禧斥为“少不更事，永不叙用”后，跑到焦山去讲学，并自己刻了一方“年二十七罢官”闲章，印在自己诗文字画上。他发现定慧寺的素菜清逸浥润风味不同，加上寺内银杏，吃了能够益智明目，于是所有诗坛旧侣、翰院同僚，路过镇江，他总要请到焦山诗酒盘桓几天。先祖仲鲁公在南京候补，跟梁髯公是光绪六年（1880）庚辰科同年，梁在翰林院供职时，经常住在舍下双藤老屋。先祖既经常往来宁沪扬镇，每逢遇上春秋佳日总要到焦山看望老友，有了唱和之作，就刻在山崖峭壁之上。当时侍应茶水的小沙弥叫“澄心”，参禅之余，正潜心经史词赋。潘颂平约我到焦山定慧寺吃素斋，澄心已由方丈退居。他看见名单有“唐鲁孙”三字，特地出来跟我们一行攀谈。他知道我是仲鲁公文孙后，如晤故人，特别高兴，吩咐把素筵改设芝隐诗斋。他说，小院幽静，这是梁节庵先生当年与先祖昆季论诗所在。定慧寺素菜虽然早耳闻其名，但未尝过，结果菜式不多，各具馨逸，跟北平三圣庵的素菜固然用料不同，跟常州天宁寺的蔬食口味亦异。山蔬园珍，味尽东南，最后一道尾食，是桂花蜜酿白果。当时寺内给一般游客备斋，一半是山产银杏，一半购自市廛，如果细细品尝，一半剔心，一半有心。山上白果，贵在果心不涩不苦，而有一股子清郁之气。虽然那棵古老银杏年产千余斤白果，如全应客需，每年实产，实感不敷，因此只好各半待客。我们那天所吃全是带心白果，当然是澄心大师关照过的。这种白果吃后别的尚无显著功效，同游诸友凡是有起夜毛病者，都一觉酣然，天亮起身，睡了一个沉酣踏实的觉，那是一点儿也不假的。

从前北平西郊环谷园老醇王坟地享堂，也有一株数人合抱的白果树，慈禧听堪舆者之言，说是成了气候，必出王者，于是立刻斫倒，破了王气。定慧寺的银杏树听说也是被一些流言所伤，已被斫倒，现在定慧寺款客的桂花白果，自然不是当年留心不苦的白果啦。

沉泥掘窟琐忆

大家一提东北的煤矿，总是说抚顺煤矿怎样怎样，抚顺是露天煤矿，全世界都知道中国东北有个抚顺煤矿。

胜利复员，资源委员会就当时的东北情势，能够收拾残余，短期开工生产的有阜新、北票、西安、本溪湖四个矿区，于是在沈阳成立了四矿联合办事处，各矿分派管理技术人员前往接收，准备早点恢复生产。

北票煤矿，位于热河省内，抗战之前，是由英国人首先开采的，所以在机械设备、场矿管理、福利措施各方面，都有一套办法。虽然后来被日本掠夺经营，可是英国人那套企管办法，日本人也觉得比他们高明，大致还能一仍旧贯，没有太多的改动。矿区的总办公厅设在冠山，另外还有两个支矿。其中一个支矿叫“三宝”，经过地质专家、矿冶专家探勘的结果，说是煤脉不十分宽广，而且是断层煤，经济价值较差，所以暂时停采。可是三宝的煤脉，要跟台湾瑞芳等地的煤矿来比，煤层的宽长厚度仍然不成比例，就拿热量来说吧，火力能相差一倍半左右。

据北票煤矿工务处处长俞再霖说，东北四矿好有一比：阜新煤矿出煤质量中上，像大家庭当家主事的主事少奶奶；西安煤矿像小家碧玉出身的姨太太；本溪湖煤矿像善体人意的慧婢；至于北票煤矿就像娇生惯养的大家闺秀。照当时的产销情形来说，俞再霖形容得可真是惟妙惟肖恰到好处。北票的煤，热量之高，是世所罕见的，高达一万八九千度，生火可以不用引火的劈柴，只要一根洋火就能把煤燃烧起来。北票出产的煤都是由葫芦岛出口南运，十之八九供应各大兵工厂炼钢，说它是千金小姐，还真是一点儿不假。

英国人主持煤矿时候的总办公厅是在南山坡，可以容纳五六百人办公，地上都是高级拼花地板，暖气的金属炉片全凿有极精细的花纹图案。可惜胜利之后，俄国人曾经短时期占领北票，凡是值钱器具财物，甚至庞然大物整台整座的机器，都被破墙裂壁地拉回去作战利品。

北票矿区的总医院也是异常庞大的，虽然迭经兵燹面目全非，可是听一般在北票服务老同人说，医院在未毁之前，病床有一千多张，因为在民国二十几年有一次矿坑大火，事后救出的伤患就有七八百人，所以后来医院床位大事扩充。我们在凭吊断壁残垣的时候，遥想当年，他们所说的话，确实没有夸大。

民国三十四年大家奉命到北票接收，当时矿区残留的日本男女职工，以及老弱妇婴，还有五百多人。日本妇女非常柔顺，派在各办公厅服务的职工，对于接收人员更是柔情绰态，环姿绝逸，于是发生了若干缠绵悱恻的桃色新闻。后来资委会命令矿工同人对工作或美姬请择其一。有一位柳副理以望六之年，已绾情丝，再让他断裾夺情，不但五中愧怍，而且意良不忍，毫不犹豫，毅然呈辞，玩然携美，泛舟遨游五湖去了。

北票煤矿接收不久，热河战事就连绵不断，一会儿说共产党李运昌部从长城各口直扑东北，已经选定热河走廊，作为休养生息、整补装备的地点。北票煤矿有自己的工厂可以修配轻重武器，医务人员众多，理疗药品充沛，尤其粮食给养堆积如山，更是他们夺取的主要目标。一会儿又传说共产党跟皇协军已经妥协，说不定什么时候，就许冲进北票。工作同人人心惶惶，矿警大队更是草木皆兵疑神疑鬼。处此情形之下，除了极少数同人，到矿区原本就是携眷来的之外，谁还有胆子接着呀。大家都是光棍儿一条，每日三餐可就大成问题啦。

谈到了吃，总务处虽然是责无旁贷组织了伙食团。早餐每人一只鸡蛋，煮蛋、卧果、煎炸悉听尊便，稀饭尽饱；午晚四人一桌，鸡鸭鱼肉，六菜一汤，菜量丰足；晚上还有烫热的老米酒管够。可是吃了不到十天，看着挺好的材料，端上来沫沫丢丢的一碗，混灰的颜色，简直像泔水，谁也不敢动筷子，于是大家就炸了营啦（哄闹起来）。笔者素来食量小，早餐一蛋一粥毫无问题，中午对付一个馒头，如果不饱就回宿舍吃个苹果，也就算了。到了晚饭也不过点点卯，回到宿舍让工友买了一筐鸡蛋，每天清早有人出矿区再带几个烧饼搁着，晚上可以吃炒鸡蛋夹烧饼当宵夜，闻风而仿效者有六七口子之多。大家思来想去，照这样长久下去总不是办法，于是大家提议改组伙食团。

选举结果，这个伙头军就落在本人头上

啦。既然是众人的事儿，人人为我，我为人人，只好打起精神来干吧。当时笔者请了工厂的主任、车辆调度课长当总干事。伙食费由矿方负担，凡是单身同人由矿方每月津贴东北流通券四千元，每月每人一级块煤一吨。拿这些钱来办伙食，照彼时东北物价来说，是足足有余的。伙头军一上任，第一件事让总务处先买关东冰糖碱四十斤、洗面盆二十只、毛巾二十条、本色粗布十丈。首先把饭厅工役加以训练，规定所有工役一定每三天剪一次手指甲，每天要把指甲里脏垢剔出，在开饭前检查一遍。桌椅板凳，都泡碱水洗得干干净净，原木不上漆的桌椅要见白茬儿，碗筷碟盘要冲洗干净拭干。第二件事拜托工厂工人把饭厅全部装纱窗纱门，厨房里做一批大小锅盖，以一锅一盖为目标，另外利用工场废铜，做一批紫铜一品锅。伙食团开张大吉，厨房饭厅，到处都洁净无尘，做出来的菜都有锅盖，自然色是色，味是味啦。逢到星期二、五，每桌各加紫铜一品锅一只，原汤原汁又热又鲜，从此大家都改变了以往一进饭厅就发愁的气氛。后来如果有人请不带家眷的单身汉打牙祭，都想法避开二、五两天，因为伙食团的人，谁也不放弃二、五两天的犒劳。后来有几位有家眷的，自己不做饭也来请求搭伙啦，人头份儿您能每月照缴四千元，我们也只好来者不拒，一律代办。谁叫大家都是同甘共苦的同事呢。

参加伙食团同人应领的煤谁都没有领过，当时煤价是九千元一吨，后来物价波动，煤价一调整就是一万元。我们这时把伙食团同人，应领未领的煤全部领出来运到锦州出售，把售煤的款项，分在秦皇岛、北平买了大批干海味，准备逢到节日有庆典的时候大家加菜。

在本人到矿不久，奉令去北平公干，限定阴历除夕，一定赶回北票交差。幸不辱命，真是除夕掌灯时分才赶到矿区，只见饭厅里灯火通明，锅勺乱响，有三四十号厨师杂役，手忙脚乱，大包其饺子。每个窗户外，都铺着一领崭新的芦席，包好饺子，往窗席上一扔，您说有多冷，饺子敢情已经冻成冰蛋，馅子如何先不提，皮子足有银元那样厚，再大的肚量恐怕也吃不下十个去。第二天早上一起身，大雪纷飞，皑皑的白雪，敢情下了一夜，想起昨晚特大号饺子，什么胃口也没有啦，干脆大礼堂的春节联欢团圆春酒也免啦。睡到靠近中午，忽然被铲雪推雪声音吵醒，大雪一直是激荡飞舞，愈下愈大，宿舍的门窗全部被大雪给封盖，冻结，没法开启。十几位工友正忙着扫雪开门，请我去参加团圆春酒呢！北票的大礼堂，本来是崇楼飞阁，巍峨高耸的，自从经过俄国人的洗劫，所有礼堂上的“别拉汽”（东北人管暖气管叫“别拉汽”）全部被拆走。胜利后，限于财力，只能择要小修，所以大礼堂聚会，只能用铁火盆取暖啦。虽然大礼堂摆上三四十个大火盆，又临时砌了两个大火池子，可是谁也不敢摘帽子，脱大衣。从厨房把菜端出来，红烧肘子已经变成冻蹄。夹个饺子来尝尝，大锅煮饺子外火内寒，肉馅儿冻成冰蛋还没化呢，您说怎么下咽呀。

讲到穿，有人说东北有三个地方最冷，一处是黑龙江，一处是齐齐哈尔，另一处就是北票。既然叫“热河”，应当暖和才对，怎么反倒特别冷呢？您要知道虽然地名叫热河，可是清朝皇帝夏天都要到热河行宫来避暑，夏天特别凉快，到了冬天自然比别的地方更要冷点啦，何况北票又在金岭寺的山区呢。

东北的老年人说，到了真冷的气候，不管你外面穿的是羊毛衫、丝棉袄、各种长毛皮衣，贴身一定要有件棉背心，是小棉袄才能挡寒，起先大家都不信。有一次我因为有急事，要赶到支矿去，事务处没听清楚，只开了一辆火车头来，我因为事情紧急，就跳上火车头，让车开行。当时我穿的是羊毛衫裤、丝棉袄裤、老羊皮袍、长毛绒大衣、皮帽皮靴皮手套，可是站在车头，车行不到五百米，一阵风来，凛冽刺骨，冷得整个身体好像什么也没穿似的，跟跌到冰窖里一样。只好赶紧开进车库加挂一节车厢，否则非冻僵了不可。

英国人经营北票煤矿时代，办公厅都有羊毛毡厚地毯，胜利接收的时候，早被那些强盗掳掠一空，仅剩下光秃秃的水泥地了。一到十月，在办公厅坐上半个钟点，脚趾就会冻得麻木不仁，没法走路，好像不是自己的脚。于是大家只好买点草垫子来当脚垫，虽然稍微好点，可是时间一长，腿脚仍旧冷得受不了。有人发明一种长筒的厚毡靴子，靴底垫有很厚的乌拉草，又轻又软，本地人管它叫“唐古拉”。大家穿上唐古拉办公，两脚才免于遭殃。东北劳工有好多脚趾不全的，据说都是冻掉的，我们幸亏都穿了唐古拉，否则现在也难保十趾无缺呢。

有一个同事叫张寿铨的，湖南长沙人，骡子劲十足。人家告诉他，三九天从热乎乎有暖气的屋子里出到外边，一定要穿上大衣，他偏不信邪。有一天他要寄封信，从办公室一看外边一百码左右站台旁矿里自备的火车要开动，没戴皮帽，没穿大衣，撒丫子就往站台那边跑。等回来之后，脸上发青，一屁股就坐在气管子旁边取暖，没有五分钟，就见他脖子往下一耷拉，身子也坐不住啦。同事一看情形不妙，七手八脚把他往没有暖气的玻璃甬道地下一放，宽衣解扣，用酒精擦胸口搓四肢，又灌了他两口烧刀子，总算把小命救活来。当时如果再缓一步，等冷毒一攻心，张嘴哈哈一笑，成了南天门的曹福啦。这位张兄后来到长春公干，硬是把脚趾头冻掉了两个他才服输。

谈到住，经理副经理，都住在当时所谓第一、第二宾馆，拿现时住的标准来说，当然够不上豪华富丽，可是在兵燹之余的东北来说，设备方面，可称应有尽有，算得上高级享受了。处长住甲级，科长住乙级，一般同人住丙级。有些同人因为没带家眷，一人住一栋大房子，晚上九点钟一戒严，没有口令连到附近人家串个门子都不许，反而找几位谈得来的同事一块儿挤，说说笑笑其乐融融。

宿舍里最妙的是浴室，以甲级宿舍的浴室来说，大约有八叠榻榻米大小，屋顶是尖的，据说免得积雪，雪若融化，流得也快点。洗澡盆的形式很特别，既非盆、更非池，而是圆桶形的陶缸，平地砌三层台阶，浴缸就砌在里面。倒是冷热水管俱全，热水是后面灶上现烧的。缸里还附有一只载沉载浮的木凳，大概是人洗累了，可以坐在凳上下沉缸底，露出脖子来喘喘气歇歇腿儿。笔者东西南北也跑过不少地方，像这样登阶入缸，大煮活人的洗澡方式，还是破题儿第一遭。您要是出上三天两天公差，回到宿舍想洗个澡再休息，那您必须算准日子告诉工友哪一天回来，工友头一天就把灶火烧上三两个小时，让屋顶积雪融化流净滴完，第二天烧水，您才能洗个舒服澡，否则屋顶积雪被热气一蒸，都变成汽汗水，一点一滴从天花板往您身上漏，冷热夹攻，您不洗澡还好，要洗准得闹回重感冒。调度科的科长张乐棣平素说话就挺幽默，他管浴室叫“十字坡”，他说《水浒》里孙二娘黑店卖的人肉馅馒头，想必都是经过这样大煮活人的手续呢。

讲到行，矿区四周都有通电的铁丝网，等闲人不能越雷池一步，从总矿到支矿那就要坐矿里的火车了。宿舍到办公厅大家一律都是步行。

技术人员自然非下坑工作不可，管理人员十之八九都视为畏途。笔者为了规划核计成本，自告奋勇，下坑受尺（查勘开一新洞，需用多少炸药等）。一到坑口，先把身上洋火、打火机一类易燃物品都得留在坑外，换上水袜子，头戴矿灯，然后进入电梯。矿上电梯，可不像台湾豪华大厦的电梯，简直是个铁笼子，电梯速度，用揿电铃来分，承管电梯的工员揿了九次，是最慢速度了，电梯一开动，真是猋闪雷厉一泻而下，比起当年上海华安大厦电梯（以快速出名）不知还要快若干倍。坑里各处都是坑木林立，因为空气稀薄，每人头顶矿灯闪闪如同鬼火。大的坑道还可以通行大车骡马，有的地方敷设轨道，还可以用元宝车装运煤块，碰上矮而狭的坑道，那就要连走带爬不可。有时新煤道子开采，首先打眼放炮，空气一鼓荡，碎石纷飞，烟雾扑来，几乎窒息，说是人间地狱也不为过。出得坑来，必须先从头到脚大洗一通，才能换上自己的衣服呢。

谈到娱乐，最初逢到大礼拜（矿区每两星期放假一天），请了两次唐山落子、蹦蹦戏给大家开开心。听得各位哥儿们，真是一个个直眉瞪眼，如醉如痴。唱一回戏，总有几位明眸善睐体貌丰美的女角失踪，不两天失踪的女角又陆续出现了，好在一个愿打，一个愿挨，人家班主能装得没事人儿似的，别人何必多管这份儿闲事。

矿上的生活实在太枯燥啦，在阳盛阴衰情形下，看见骆驼都是长脸儿的美人，如果不想法把生活改善调剂调剂，容谁也待不住。于是，在众谋咸同的情形下，成立一个京剧组织，有钱好办事，立刻派人到北平办了四蟒四靠的半份儿戏箱（全份儿戏箱是八蟒八靠），把当年由花旦改须生，在王凤卿之前，傍过梅兰芳的孟小如请到矿上来说须生花旦外带青衣，孟小如的儿子孟之彦说铜锤花脸、勾脸带管戏箱。唱青衣胡菊琴的父亲胡老四拉胡琴还管说老旦小丑，票房一响排，这下儿可热闹啦，每天晚饭后，票房里的锣鼓丝竹、生旦丑净，一直要闹哄到十二点才能清净。票房又设在宿舍区里，不管会唱不会唱的，从来没有听谁抱怨说，吵得没法睡觉，您说怪事不怪事。短短两三个月，居然能够彩排登场，全本《法门寺》《打面缸》《四盘山》《琼林宴》，连附近蒙旗几位王子，都赶到矿上来听戏。在热河省来说，像这样京腔大戏，算是破天荒空前绝后呢。

有几位爱好运动的，大家又组织了一个篮球队，队名叫“砧子篮球队”，靠近煤层的石头叫“砧子”，什么用处也没有，说白了就是废物队。您别瞧不起这个篮球队，有几位还膺选过省市篮球选手，出席全国运动大会。见过大场面的运动员，像队里谢九皇就是代表江西省参加全运的。这个队虽然长劲不足，可是人多势众，每人打十来分钟，个个有板有眼，蛮像一回事真能唬人。有一次，约来热河的省运选手比赛，居然把人家揍了个弃甲曳兵而走。篮球队嘛，当然要有队服。人家球队外衣，多半都是双料粗线大翻领厚毛衣；砧子队的队服，可新鲜啦，也不知是谁出的馊主意，白茬儿反穿老羊皮袄，脚下是搬尖大掖巴洒鞋，这副打扮，大概跟小方朔欧阳德的德行差不了多少，但是这套队服还没做好亮相，北票煤矿就由共产党接管啦。

说是练武可以强身，矿里也请了几位武术老师，来教内家外家各派的中国软硬功夫。不知是哪位仁兄，请来一位教气功的老师，此公姓甚名谁，因为事隔三十多年，一时可想不起来了。凡是身体亏弱的都能够练气强身，转弱为强，您要想练气，首先要摩挲一遍你全身筋络，认定你确实身体亏弱，才能加以施教。笔者当年年轻好奇，曾经跟两位同事许元浩、陈叔谦一块儿请他按摩研判身体到底怎样，可惜没有缘分，我们三人经他研断都是精力充沛，无庸施教。职工处有位袁专员，经他一检查，认为是最宜练气人才，立刻收列门墙，从此每天早上天蒙蒙亮就要到老师那里练功，一入手是师傅把他大腿根两条主筋揉挤，大约要行功半小时来松筋舒络，十天过后，开始用网袋放两块砂砖系在下体上，丹田用力一吸气，慢慢能把砂砖吸动，渐渐离地，袁君练了半年，一提气能吸起十六块青砂砖来。听说现在台湾也有练这门功夫的，不知道是不是跟北票那位师傅同一流派。

北票的工人本来是每月发工资一次，从每天出煤一百多吨，经大家努力增产，最高产量每天居然达到三千多吨，可是工人一领饷包，第二天的产量，马上能掉下三分之二来，然后再慢慢一点一点地恢复。后来才知道工人的毛病一有钱，有家眷的除外，凡是孤家寡人，必定是吃喝玩乐，狂嫖滥赌，不到口袋底朝天两手空空，谁也不肯再下坑干活。矿上有一小型风化区，一共有六七家绿灯户，大约有二十来个姑娘，据说凡是屋里有客，就把红布窗户挡儿拉上，可是您不管什么时候，从那儿走过，简直很少看见过拉开窗帘儿的房间。后来财务处计算成本分析费用发现医疗费用项目，药品中的德国狮牌六〇六消耗简直惊人。本来么，处在僧多粥少情形之下，那时候还没有盘尼西林，当然六〇六这一类药材，自然是销路畅旺了。后来凌源吃紧，矿里听说凌源有二百多名妓女，福利委员会赶紧派了一位姓余的小伙子，愣是开专车把她们扫数接运到北票来。矿工的盖仙，给姓余的起了个绰号“活人济世佛”，您说逗不逗。

矿方鉴于工人一发饷，出煤量就像闹疟疾一样忽多忽少，影响整个生产计划，于是改成十天发一次，情形真的就渐渐好转。可是东北流通券也越来越毛（贬值的意思），最大票面就是十块，始终没出百元大钞。记得北票“沦陷”的当月，笔者领了薪金，自己都没法拿，要让工友来扛回宿舍去。当时热河只有一个华兴银行，还是在承德。距离北票又远，北票发一次饷，要一两亿，华兴银行也周转不过来。所以一个月要跑三四趟锦州中央银行提取现钞。银行的规矩，钞票是要当面点明，不算后账的，请想一两亿的十元钞票往柜台外头一扔，您就是去上十位八位也没法点呀。只好一百万一捆，点点捆数而已。所以等回到矿上一点，少上三五百万那是稀松平常的事，后来闹得出纳课一位包课长说什么也不敢到锦州提款啦。笔者逼得没办法，只有亲自出马，去趟锦州，想个补救办法。幸好锦州银行经理是笔者的同学，杯酒尽欢之后，请来银行专人代为复点，才发现有些商家大笔款项解到银行的时候数目就有问题，倒不是银行要什么花样。胜利之后，东北流通券钱一贬值，大批款项，谁也懒得点数，以少充多的现象所在多有，当时在东北待过一阵子的朋友，可能都还记得吧。

在北票还听说一件活灵活现的事儿，您要说是假的吧，谁肯摔了饭锅，乱造谣言。据说有个叫郭正宾的工头，是专门管坑口收点运煤斗子车的，他是每天一清早最忙碌，所有头一天堆在坑口的空车，都要一辆辆顺着轨道推到存车场去。忽然一连几天，每天早晨去推车，车是一辆跟着一辆都整整齐齐排在存车场了。他虽然奇怪，可是没跟人说出来。有一天他忽然梦见一个似曾相识的壮汉，来到面前说："我叫郭贤，这两天坑口的车，都是我给你设法弄到存车场的。前年秋天我在第六区挖煤，坑道忽然崩坍，我被压在支柱底下啦，因为坑道太长，我试了许多次，灵魂到不了坑口，因此始终没法脱生。您的体力壮旺，拜托您到第二工村我的家里，跟我妈要我生前穿的一件贴身短棉袄，再拜托您带着香烛黄表纸，到我被压的地方，点上蜡烛焚纸烧香，把棉袄铺在地上叫我名字，捧着棉袄，点着香，别回头，一直叫出坑口，我就可以往生啦，您可就积了大德啦。"郭头儿听郭贤说得有鼻有眼的，醒后跟人家一打听，果然前两年确有其事，只好照办。他捧着棉袄，在阴森坑道里，一边走，一边叫，越走心里就越憷，等一口气叫出坑外，郭头儿自己也吓晕过去啦。事后想起来就骇怕，所以来算大账辞工。现在二十世纪科学昌明，究竟是怎么回事，确实令人不可思议，要说没那么八宗事，谁又能放着现成的事辞工不干呢。

事隔三十年啦，午夜梦回，虽然沉泥掘窟干了十个月，可是当年光怪陆离、惊心动魄的场面，会偶然在脑子里上演。现在可能还有不少北票的老同事在台湾，回想当年，大家是不是都有点儿低徊不尽的滋味。

从喝矿泉水想起了“天下第一泉”

近几年来，不知道欧美哪位营养专家，忽然发现喝矿泉水对身体最有益处。这一提倡，不论男女老幼大家都喝起矿泉水来。最近美国有一位对地下水研究颇具权威的教授说：“台湾的地下水蕴藏量异常丰富，而且含有碘、磷、铁、钙、无机盐等成分，这些成分对于心脏病、肠胃病、小儿麻痹、血压不正常、胆固醇过高、血液循环系统欠佳、甲状腺一类疾病，不但有治疗的功能，而且有预防的效果。在美容方面，更有滋润肌肤、防止面疱、帮助发育的营养元素。”所以第一步先派了两位得意高足到台湾来探勘、采样、分析、化验，如果初步测定符合理想，他就要亲自来台，复勘重验，加以确定扩大利用了。

笔者记得世界十大名医密勒博士民国十六七年第一次到北平协和医院讲学的时候，也讲到饮用水的问题，他说："水是每个人身体内不可缺少的重要物质，三天不进食，还没有生命之虞，可是三天没水喝，人就活不成了，由此可知，水对我们生命是多么重要。有些一知半解自命讲求卫生的人，喜欢经常喝蒸馏水，其实蒸馏水才是最没有营养的水，我们日常饮用的水，必须含有适量的矿物质，方能促进人体新陈代谢的功能，才是合于标准的饮用水。

"有些人，尤其小孩喜欢拿汽水可乐当日常饮料，因为汽水可乐糖分多热量就高，对肥胖的人来说，热量过剩自然对身体是不利的，尤其患有糖尿病的人，更容易引起病情恶化。又有人说啤酒是最好的饮料，啤酒最大的好处是利尿，可是喝得太多，摄取过多的热量，还是有损肾脏机能的。尤其越喝肚皮越膨胀，也是一桩累赘。所以严格地讲，每天能够把含有适量矿物质的矿泉水当饮料，那才是对人类真的有助益呢！”他在北平协和医院讲学期间，颇能身体力行，有机会就到西郊玉泉山弄些泉水来当日常饮料。

中国历代帝王，清朝乾隆皇帝是颇知考究饮用水的。他每到一处，只要当地有泉水，他总要设法教人汲取品尝一番，凡是他认为水质清冽合于他审定标准的，总要赐以嘉名，或是评定等次赐名第几泉。当年北平近郊虽然有圆明园、静宜园、颐和园三大名园，翠微、香山、妙峰三大名山，名山胜景，像一道屏风，把北平叠嶂环抱起来，蔚为一个雄奇斋丽、穷巧极工、伟大的观光区域。所可惜者，就是水源太少，不但西郊一带宫殿园囿翠竹苍藤全赖玉泉山的泉水潆洄沾润，就是三海的湖水，御苑石泓琪草也多亏玉泉涓涓潺潺，回清流注，才能欣欣向荣呢。

玉泉山山势虽然嶙峋崔巍，可是占地并不宽广，泉水是从乱石峥嵘石隙里散珠喷雪般直冲而出的。玉龙走潭，汇成水泊，风泉泠泠，明净见底，泉水因而压挤力大，撑空涌地，星簇珠聚，雄奇突兀。这座小湖，地势高耸，触石吐云，振岩而下，拖练奔泉，由湖畔汇成一条三丈宽的小溪，因为是玉泉下注，大家都叫它“玉河”。您别看这涓涓之流，向东一直流入北通州的运河，当年中国南北水路交通运输，江浙各省粮米杂货北运，就全仗这条水道补助陆运之不足呢。

乾隆皇帝品评各处名泉结果，钦定玉泉山的泉水为“天下第一泉”，还写了一篇《玉泉山记》，说这泉水，质轻、水甘、满杯不溢，喝了可以益气轻身，滋补养颜。尤其南北物资能畅其流，厥功甚伟，所以堪称天下第一。特地在山麓龙王庙前御笔勒石以志其盛。据说从明朝起，明清两代皇宫里喝的水，都是用船从玉河运进宫去的，到了同光时代，才改用插着黄旗的马车运水。玉泉山从辽、金、元、明一直到清朝，历代帝王都把玉泉山列为夏天行宫，高寒涌翠，水木清华，的确是避暑的好去处。尤其是各处风景都能存真葆朴，高古典逸，笔者认为这是北平行宫御苑中最没有富贵气的园林。当年地质学家丁文江说过：“玉泉山的泉水是世界有名矿泉之一，玉泉山的风景也是不尚雕饰、骎骎入古的画境。要是到北平，不去逛逛玉泉山喝几口矿泉水，那真是既无眼福又无口福的蠢人了。”丁先生这句话，我当时极具同感，所以深印脑海一直到现在都没有忘记。

笔者少年好动，在求学时期，暑假里跟几位友好到西山露营回来时，经过玉泉山，大家打算喝点儿泉水歇歇腿再进城，但是看到湖心泉眼霞光流碧一串串玉泉璇珠，一阵阵沁人心脾的冷潮，立刻暑气全消，四五个人，都想跳到湖里游个痛快。可是玉泉山汽水公司在附近设厂制造汽水，汲取矿泉，同时泉水漩涡吸力太猛，湖里向来是禁止游客下水游泳的。管理员一看就猜出我们的意旨，徘徊瞻顾寸步不离左右。

我们同伴中，有一位李威年，他是当年我国参加远东运动会四百米纪录保持人，他乘人不备，把挎在肩头的照相机丢入湖心。既然游客不能下水，他要求管理员下湖打捞，管理员说这泉水冬暖夏凉，盛暑时候奇寒彻骨，园里人谁也不敢下去打捞。李威年一听此话，立刻不脱衣服纵身跃入湖心，跟着有一位清华的倪因心同学也追踪而下，只见他们两人围着湖底的照相机打转，就是摸不到。我们岸上四人一看情形不妙，立刻把野营帐篷绳索接在一块儿，一头拴在树上，四人鱼贯下水，哪知刚一下水，水温凛冽刺骨不说，而且吸力强劲，令人无法摆脱。可能李、倪下水地段，正是泉眼总脉。四人一咬牙，总算咬紧牙关没松开绳索，死拉活揪才把李、倪两位拉出水面。李是运动健将，体格强壮，神志尚清，倪君是个白面书生，拉上来已经奄奄一息啦。

玉泉山宫门外有一个小茶馆代卖南路烧酒，于是弄了一大瓶烧刀子，我们一面喝酒御寒，一面用烧酒给他们两位用酒浑身搓揉，再生起一个小火堆，足足有两个小时，李、倪肢体才能伸屈自如，照相机也不要了。大家垂头丧气刚出园门，经过小铺人家，老掌柜的已经煮了一壶热气腾腾的红糖姜汤，请我们每人去喝两碗驱驱寒气。

老掌柜说："大家都知道泉水是冬暖夏凉，可是谁也料不到玉泉山的泉水冷到凝髓裂骨的程度。《七侠五义》中翻江鼠蒋平，到鹅毛沉底碧水寒潭，给颜查散捞取八府巡按九头狮子金印，虽然有些是说部的渲染，但有些确是言而有据，不是随嘴乱扯的呢。就拿玉泉来说吧，跟碧水寒潭还不是一样。我这小铺开了二十来年，每年夏天总有三两拨学生，偏不信邪下水受洋罪，我给你们沏姜汤水，一方面是驱寒免得进城感冒，一方面你们来趟玉泉山，并没有感觉天下第一泉的好处在哪里。”一边说着一边用饭碗倒姜汤，“你们看。”果然姜汤漫过碗沿，有一块银圆厚，而汤不外溢，足证这儿的泉水重量，跟一般河水井水是不一样的。

后来笔者回到北平，有一次尝到用玉泉水泡的六安瓜片，真是茶香绕舌，微涩回甘，确实有一种说不出的明快爽口。从此之后，才醒悟到当年皇宫的茶水，很少红绿香片单独饮用的，各宫所用茶叶种类虽不一致，可是大半都是瓜片、珠兰、水仙、龙井掺配饮用。因为宫里饮用水都是玉泉山的矿泉，非得几种茶叶掺和，才能显出它的香远益清的妙处。

山东济南是华北泉水最多的一座城市。当地人说城里城外有七十二处名泉，当然城西趵突泉跟督办公署的珍珠泉，是其中最佼佼的了。可是笔者品尝之后，趵突珍珠之水用来泡素茶，澄清怡曼，甘如啜露。可是一换花茶后味青辛倏煸，说句俗话，就是有点熟汤子味，不知是什么道理，是否汲取泉水的时间不得当，就不得而知了。

在浙江西湖飞来峰底下，有一座冷泉，也就是“峰从何处飞来，泉从何时冷起”传为千古佳话的名泉。用这个泉的水泡茶，也是凝杯不溢，虽然泉水甘滑，可是冷度并不凛冽。据西湖老游客说：“冷泉的温度，因为一年平均下来，比其他泉水温度为低，尤其是夏天更低，并不到寒冰刺肤的程度，所以有些人说冷泉名实不副，其实错了。”

来到台湾，泉水倒也看过喝过不少，可是台湾泉水多半属于温泉，宜浴而不宜饮。苏澳地区倒有一眼冷泉，大家去冷泉也以洗澡的人居多。有一次特地取点儿温泉来瀹茗，品尝之下，有点跟江苏扬州平山堂第六泉仿佛，甘平漱玉，风趣宛然，只是所用茶叶宜绿不宜红，不知研究茶经的朋友有无这种感觉。此外，有一年笔者随着大批人马到花莲的燕子口天祥游览，经过长春桥的长春古刹，高岩峭壁一股急流，矫若惊龙直泻而下。笔者在嶙峋怪石上拈巾拭汗，想不到风泉泠泠跟玉泉山的泉水清寒湛美极为相似，可惜未带瓶罐，没法子汲取试尝。如果这水是道山泉，水质一定是一处极品矿泉无疑。

最近，台湾的营养专家医学界权威也纷纷提倡饮用天然矿泉水，台北并且有一家公司开始发售矿泉水供人饮用。民航局主任医师洪钧研究出患有糖尿病的人长期每天饮用一千毫升天然矿泉，血糖血脂都能逐渐降低。这种临床试验，如果成效卓著，则大家恐怕都会拿矿泉水当日常饮料；矿泉的身价，又要热闹一阵子了。

北平天下第一泉

北平人常说，要喝好泉水，那得属玉泉山的天下第一泉啦！济南的珍珠泉、杭州的西泠泉、焦山的江心泉、扬州小金山第六泉，虽然都是中国名泉中佼佼者，可是甘洌澄明，以水质比重之轻，玉泉仍应位居于第一位。在北平的西北郊区，太行支脉宛若一条蟠龙，把这一带名山胜水，连绵修绕起来，蔚为千百年的皇帝都。其中顶出名的山有三处：那就是瓮山、香山，和玉泉山。瓮山后来改名为“万寿山”，也就是有名的颐和园；香山则列为“燕京八景”之一；玉泉山的地势虽然比较小了一点儿，可是北平城里如三海什刹海，凡是可供观赏的素湍清流，无一不是源出玉泉呢！

侯榕生女士于一九八一年四月间，再度遄返大陆探亲，返美之前，顺道来台。有一天在她中和的住所——观音堂——约了几位文艺界的朋友小酌，在酒酣耳热之余，她说："这次在北平西郊访古，去了趟玉泉山，往昔浑如跳珠溅玉，雪练翻空玉泉之源，已经彻底干枯，成了一摊泥淀滓浊，令人惨不忍睹，至于以往引进北平的几条水源，全都改道，改由西山一个新挖的水库接替供应了。"在北洋政府时代，所有北平名胜古迹，全归内务部保管养护，像三大殿、颐和园、玉泉山，都是有门票收入的，所以在养护方面设有管理处，由家表兄王云骐主其事。为了保持名胜古迹景观柔美，他不时约了笔者各处察看一番，所以对玉泉山寺庙的尺椽寸瓦、岩洞的古木怪石，都有较深的印象。

据说玉泉山从辽代的开泰二年起，就大

兴土木，建为辽主行宫啦。到了金章宗暑天怕热，更在山上建有一座翠瓦金铺的芙蓉殿，元世祖为慈圣祈福，又建一座境绝嚣尘的昭明寺。这些建筑物虽然是历代皇帝的行宫御苑，可是潭澄玄镜，风物优美，没有丹槛碧牖，彩绘俗粉，就是明清两代在半山盖的亭榭轩楹，也都古朴萧疏，没有丝毫的金粉气息。

玉泉山管园子的傅玉珂君，出身满州世家，不但含怀夐远，而且吐词隽拔，因爱此间清幽峻茂，特地谋干了这个差事，闲时可以写字作画，看看自己爱看的书，所以我每次追随家表兄出城走走，如果是去玉泉山，总要带点酒菜，跟傅君尽半日之欢。他说："玉泉山旧名'裂帛湖'，这股泉水，是从玉泉山下面一条石头缝儿里迸出来的，波波漾漾，若泡若沫，昼夜不停跳珠溅玉般激射而出，因为湖水相当深，压力特别大，泉水被挤得像一串串珍珠似的，接连向上翻滚，发出瀏濆激越的声音，所以叫裂帛湖。泉水涌出得快，这座方圆不大的小湖，若是没有出水口的话，必定是弥漫洋溢，湖畔溪头无法立足，可是这座湖地势很高，顺着山势曲折而下，潴滀渟洄顺其自然，汇成二丈多宽的一条小河，北平人管它叫‘玉河’。别瞧这条小河，向东一直通到通州，接连北运河，在没有招商、怡和、太古北洋班海轮和京浦路线火车之前，中国南北水上交通要道，以及江浙各省，南粮北运全仰赖这条水上大动脉呢！”

北平城里各处水源固然都来自玉泉山涓涓之流，就是西郊的花园、稻田，甚至西山、香山，以及颐和园的昆明湖也都有赖玉泉山这股泉水来挹注滋润。玉泉山山脚下有一块不足二十亩的水稻田，所产稻米色映浅绿，吃到嘴里柔而不滞，就是专供御用的“香稻”，如果拿来熬粥，碧玉溶浆，滑香清逸，比广东顺德最有名的红丝稻，还要来得香糯。当年朝中大臣，如蒙上赏御田稻，莫不认为是无上的恩宠呢！

在溥仪未出宫前，每天清晨，总有一辆大敞车，上面放着一只大木桶，车上插着一支二尺多长杏黄色布旗子，好像哪家镖局的镖旗，由一位五十岁左右，半大老头子赶着车，出了神武门，蹒跚而行，直奔玉泉山，把泉水灌满，再把车赶回来，泉水交给宫里茶炉房，专供内廷各处沏茶之用。他是一年三百六十五天风雨无阻，一直到溥仪出宫，马路上才瞧不见那辆插杏黄旗的水车了。据说从明朝起，皇宫里喝的水，就是用水车运进宫去的。到了清朝仍沿旧制办理，乾隆皇帝还写了一篇《玉泉山记》，勒石树立在玉泉山山脚望湖亭畔，说明玉泉水质轻柔，后味微甘，喝久了可以益气补中，所以称它为“天下第一泉”，可是“湖水奇寒，夏无敢涉，春秋无敢盥，无敢啜者”。

一般冷泉都冬暖夏凉，可是玉泉山的泉

水，无论盛暑祈寒，一律凛冽刺骨，倒是一点不假的。舍亲卞凤年、李威年在学时期，都是远东运动会中距离跑国手，有一年暑假，他们五六位运动健将，从西山露营回来，道经玉泉山，于是入园游览。他们看见天池深广，水清见底，泉迸如珠，直弹湖面，大家走得渴热交加，看见那飞注成帘，激喷似雪冷泉，都想解衣入水清凉一番，无奈傅君窥知他们来意，跟定他们在湖边逡巡不去，凤年突然间把脖子上挂的照相机掷向湖心，假称失手落水，请园方代为打捞。傅君深知湖心吸力大，水更寒，还来不及回答，卞、李自恃身强力壮，已经纵身入水。

傅君一看情势不妙，立刻指挥园丁拿绳索、劈柴、烧酒备用，再看卞、李两人入水之后，尽在照相机旁打转。他们同去各位，看出情形不对，一面把长绳缚在腰里，一连串手牵手，费尽九牛二虎之力把卞、李二人拉上岸来。可是他俩已经四肢冰冷奄奄一息，幸亏傅君烧酒拿来得快，立刻把他们湿衣服解开用力揉捏，加上生火烘烤，才算从鬼门关把他们救活过来。敢情他们一下水被寒气一激，立刻闭过气去，手脚不听使唤，好在他们水性深厚，体魄坚强，加上救治快而得法，不多久就先后醒过来，从此他们深信乾隆所说的“湖水奇寒，夏无敢涉”那句话了。

玉泉山除了听泉看泉之外，山上的望湖亭、华岩寺、金山寺、七真洞、华岩洞、吕公洞风景也都如诗如画，萧疏得趣。七真洞洞壁刻有很多诗词，据说是元代耶律楚材手笔，所以后来酬和之作甚多，也都刻在洞壁左右。吕仙洞石仞嵯峨，烟霞明晦，传说昔年吕仙憩此，所以叫“吕仙洞”，在洞里可以看到玉泉塔影，听到云外钟声，倒是绝妙一座清凉禅窟。从前公安袁祁年咏玉泉诗，其中有句是“蠕蠕泉脉动，太古无停时，听如骤雨急，观如沸鼎吹”，想不到过了三个世纪，“太古无停时”的玉泉，不但停而且干了。北望燕云，忧叹难已。

潭柘

北平有一句谚语是“先有潭柘，后有幽州”，虽然心向往之，可是总没机会去瞻礼一番。有一年北平入夏之后，雨水稀少，中午室温高达摄氏三十三度，这是北平暑季很少见的。先祖慈忽然动了到京西潭柘寺歇伏避暑的雅兴，正当暑假期间，笔者自然是随侍前往。

潭柘寺在北平西北，出城九十多里到了罗喉岭，就是入山小径了。当年姚少师广孝《游潭柘》诗：“岩峦嶂开豁耳目，岚雾翠滴濡衣襟，燕山如此越物表，下视群峰一拳小……”把刚一登临悠然意远的心情，可以说描绘得淋漓尽致了。

一进潭柘寺门，最醒眼的就是大殿屋脊上的双鸱吻，发光焕彩，烟云万状，鱼龙虾蟹荇藻，奔轶蟠屈，各现其形。据说鸱高一丈五尺，飞空夔立种种形态，神姿天矫，都不是一般工匠所能塑造出来的。寺里一位长住的高僧，大家都称他圆照大师。据他细心考证，寺初建于梁代，现在佛殿原本是一座深不可测的渊潭，直通大海的海眼，由一神龙守护。唐时有位华严上人在潭柘讲经，潭龙每天潜藏听法，苦欲一窥上人颜色。山神告诉龙说，上人一发嗔心，才能着相，着相则天龙鬼神都能见到他本来面目。神龙于是故意把佛前供养的一盂白饭打翻践踏，上人盛怒之下，神龙果然获睹慈颜，并当面发心，愿施舍自己龙窟，供养世尊。有一晚迅风急雨雷电交加，先是两鸱吻从潭中涌出地面，不一会潭隐地平。现在大殿就是当年潭基，所在屋脊鸱吻也就是当年涌现故物。正殿佛座左右各有一碌青石，用力摇撼，则隐闻澎湃击撞，万派潮音，并有潺潺细流渗出。圆照大师说，这就是海眼总脉。殿旁有亭翼然，中植枯柘一株，长不及丈，传说当年蟠屈天矫，宛如虬龙，潭柘寺就由此得名的。

潭柘寺大殿前的月台，虽然没有戒台寺的坛台宽敞，可是列坐一两百人，还是绰绰有余的。月圆之夜，素魄初升，和尚们说，凡是有缘的人，在月台上纳凉闲眺，只见四野冈峦重叠，浮云环绕。一霎时大月高悬，继而远处点点繁星跳荡明灭，转瞬之间聚而成丸。飞空腾踔，晃朗奂烂，仿佛要跟皓月争辉的样子。多的时候好像有千把盏明灯倏忽而集，可是顶多半小时光景，又都全归寂灭，天宇澄霁，冰镜清辉，了无痕迹啦。照一般人说，那是仙狐吐的炼丹，只要月圆之夜，就有这种奇景出现，不信鬼神的人则认为是枯骨朽木发出来的磷火。可是四隅峭仄，连峰葱翠，又哪来枯骨朽木呢！究竟仙乎，鬼乎，还是狐狸炼丹？至今还是一个谜。

潭柘寺的守护神大青、二青，是都下人士所共知的。凡到潭柘寺瞻礼随喜的人，也有人见过。古老传说自从华严上人说法，潭龙得道飞升，龙子大青、二青一直守护潭柘，两青都不避人。依据明刘侗的《帝京景物略》记载：“龙子者，青蛇服，大如碗，长五尺，僧抚其脊，回首舐僧臂，人龙驯扰，去来可呼。”可惜笔者在山上仅仅住了六天，未能一窥龙颜。据我友白中铮兄说：“大小二者化身，能大能小。”若真是昔年潭龙之裔，为寿当在千年左右了。

潭柘寺还有一宝是华严祖师水墨画像，画像挂在佛殿左边山墙上。华严在修竹蕉影交横之中，骑在一条隐约幻渺的云龙身上，既无题记，又无款识，庙里人也说不出是哪朝哪代何人所画。后来中国画会的周养庵、湖社的金拱北曾经偕同摄影家张之达携带照相器具，入山访古，用镁光灯把这幅古画拍照下来。经过若干名家研究，认为不但布局峭健简古，就是衣纹发髻也奥颐深秘，至少是北宋的笔法。霜红鼉主徐燕荪曾以数月时间临摹了一幅，在中山公园董事会举行时贤书画展，以非卖品展出。风神逸宕，气势老成。老画师说笔周意内，还带几分仙气。这幅镇山之宝，笔者亲自观赏过，可惜当时对于人物画涉猎不深，草草一看未能多加注意，后来想起来，很觉失之交臂实在可惜。

寺里大士殿供奉观音大士，殿内供桌前有一块拜砖，也是寺内一宝。传说元世祖忽必烈幼女妙严公主，自幼持斋参禅，顶礼大士，功深日久，头额手足五体，把地上铺的砖都磨出痕迹来了。明代万历孝定太后，来潭柘拈香礼佛，把拜砖挖出，用锦匣贮藏，带回内宫，寺里僧人又在原址镂镌一块同样方砖嵌好，经过百年的磨蹭腐蚀，新砖旧砌，依旧泾渭分明，一眼可辨。右边墙上嵌有一方石刻，传说是姚少师道衍亲笔《妙严公主拜砖赞》：

顶礼道人双足迹，身毛不觉忽俱竖。无始懈怠习顿除，觉天云进精近日。我想斯人初未逝，朝暮殷勤礼大士。心注圣容口称名，形骸屈伸安可计。积日成月月成时，积时成岁岁成劫。如是积渐难尽言，水滴石穿心力至。譬如千里始初步，又如合抱生毫末。以踵磨砖砖渐易，砖易精进犹未止。砖穿大地承足底，地穿有时人不见。我独了了无所疑，因之耿耿生悲泣。愿我从今顶礼后，精进为足践觉地。境缘顺逆汤泼雪，又如利刀破新竹。迎刃而解触热消，在在处处常自在。又愿见闻此迹者，刹那懈怠皆冰释。

这篇赞文语含哲理，戴季陶曾为舍亲李

榴孙、诗友汪菱湖各写一条幅，大家没事就冥息默想，所以至今未忘。总之这座晋梁时代古刹，不论一砖一石或是一草一木，都有其历史身世的，不过离城窎远，渐渐被人忽略罢了。

北平白塔寺杂摭

北平城里有两座白塔，一大一小，小白塔在北海的琼华岛上，大白塔在阜成门大街妙应寺里。这两座喇嘛塔，玻璃珂雪，插云对竖，可以说云蒸霞蔚，气象万千。琼华岛春阴的小白塔有金章宗御制《小白塔纪事》，说明此塔是仿照妙应寺的大白塔建造，挖池叠石而成。由此可证大白塔兴建在先，小白塔敕造于后了。

中国古代农业社会，商贾货物定期辐辏最早叫“务”，后来演变结果，南方叫“趁墟”，北方叫“赶集”。北平因为是历代皇都，既不叫墟，又不叫集，因为都在寺庙前交易，于是称之曰庙会。从若干年前，北平的庙会就规定每月逢三土地庙，逢四花儿市，五六白塔寺，七八护国寺，九十隆福寺。这些都是定期的庙会。至于正月初一到落灯的游厂甸、火神庙，正月初二财神庙借元宝，正月初八白云观顺星会神仙，三月初三蟠桃宫给王母娘娘祝寿，八月初三皂王庙给皂王奶奶庆生辰，等等，那些一年一度的庙会，更是数不胜数。

白塔寺原来叫妙应寺，因为庙里有座巍峨庄严的白塔，大家都叫它白塔寺，叫来叫去妙应寺的本名，反而其名不彰。外省人到北平要是跟人打听妙应寺在哪儿，十之八九都问不出所以然来的；如果问白塔寺，那就无人不知，无人不晓了。寺在阜成门大街路北，阜成门跟西直门都属于内城，也是北京城西方的锁钥。阜成门又叫平则门，北平父老叫白啦，愣叫它“平贼门”，说是当年吴三桂请清兵，赶走闯王李自成，闯王抱头鼠窜出的就是阜成门。阜成门里路南有个胡同叫“追贼胡同”，胡同里还有一座小庙供的是金甲韦陀，据说韦陀曾经显过圣，是从这个胡同把闯王追走的，所以这个胡同才改叫追贼胡同。人家说得有鼻子有眼，咱们也只好姑且听之吧！

据庙里喇嘛说：“当初北海小白塔系仿妙应寺的大白塔建造，那时候因为琼华岛地势比较狭窄，塔座子底盘塔的高度，尺寸只好缩减了四分之一，所以后来一个叫白塔，一个叫小白塔。”两座塔的格局乍看一模一样，实在不容易分出大小来，可是细看就大小有别了。

有一年已故的章嘉活佛在白塔寺主持护国佑民息灾降福法会，到了七七四十九天，功德圆满那一天，举行一次善男信女念佛转塔大典。白塔平素塔门深扃，等闲难得登眺遐观，这种机会难得，笔者也随众登临瞻礼。刚一走近塔座之前，尚未登临，猛古丁子（“骤然间”的意思）抬头仰望，崇墉屹屹，白雪皑皑，玉峰矗竖，崔巍擎天，一想塔底就是海眼传说，令人立刻产生一种郁郁森森的感觉。一进塔门，虽在盛暑，自然冷意袭人，暑气顿消。塔里第一层佛殿，高堂邃宇，杰阁四耸，正中锦云圆拱，供奉着诸天菩萨圣容，丹漆卤簿，彩绘幢幡，供桌上铺锦列绣，众彩焕烂，海螺羯鼓，饤盘油檠。还有若干叫不出名堂的供品法器，佛前氤氲袅袅，檀藿藏香，汇成一种蓊勃异味，简直滑息难舒。

门旁并有善众劝告前来随喜的少妇们，最好就在塔外焚香，不要进内瞻拜，即或入内亦不可在佛前久站，因为怀孕妇女闻藏香（又名降香）太多太久，容易堕胎。白塔宝顶之下，有一铜胎七宝华盖，重檐之下玉箔叮当，璎珞悬珠，平时隐隐约约，看不真切，要登临转塔，才能一览无遗。令人奇怪的是，这样金碧辉煌的塔盘里，悬挂着一只盛石灰麻刀的木盘（当年没发明水泥之前，砌墙用青白石灰掺和麻丝以求坚固）和泥瓦匠用的工具瓦刀一把。

当时觉得不伦不类、非常奇怪，下塔之后，有一位老北平讲了一段神话才明白塔上刀盘的由来。他说：“北京城里老早就传说，白塔底下是一座海眼，白塔就是为镇压海眼才砌的，如果塔一崩坍，就水淹北京啦。有一年有人忽然发现白塔的塔肚子裂了很大的一条缝，如果白塔一塌，北京城岂不真的沦为海底了吗？大家都忧心如焚，踧踖难安。可是白着急谁也想不出好主意来，因为塔身太大，没有法子把它箍起来。不久白塔寺一带来了一位面貌猥琐的锔碗匠，可是他大言不惭，整天吆喝着要锔大家伙。谁家有破碎的锅盘碗盏拿出来让他或锔或补，他总回说他是锔大家伙的，小东西不锔。一位妇人一生气说：‘既然你不锔盆碗，专锔大家伙，那么白塔裂了个大缝子，你去锔吧！’谁想夜晚真就有人听见锔碗儿的弓子嗖嗖乱响，第二天大家抬头一看，果然白塔塔身裂大口子的地方，居然用一道大铁箍给箍上了，而且铁箍还用石灰给抹上。要是猛然一看，还看不出加了一道铁箍呢！据说那是鲁班爷显圣，因为赶了一夜的活累了，灰盘儿、瓦刀一忙忘了拿下来，就挂在塔盘底下啦。”这种离奇神话，各地所在多有，人家姑妄言之，咱们也就不必较真儿了（北平土话“认真”的意思）。

北平庙期虽然不少是固定的，可是要说整齐，还得属隆福寺、护国寺、白塔寺三处，因为这些摆摊子的生意人，不但这三处每个会期必到，而且每个摊位无形之中仿佛固定不移。你逛隆福寺想买刮头篦子或者别头发用的骨头簪子，如果觉着大小尺寸不合意，你可以跟他约好，等下期庙会，或是别的庙会，让他给你预备好带来准保没错。

各庙摊子的摆法位置也大致相同，譬如说一进山门都是卖山货的，二门门道两边就全是卖玩具的了，再不就是假珠假宝的各样首饰摊。卖两把头戴的大门花，或是鬓边的绒花、绢花以及卖剪花样的，一律都是靠墙根儿。因为他们的货色既怕风吹又要防日晒，只有靠墙根儿搭个布篷才安全保险呢。至于吃食摊、杂耍场子，那是一般市民吃喝玩乐的去处，跟真正上庙会买东西的人混不到一块儿。庙里最后一进院里宽敞豁亮，得吃得瞧，就成了这班人的固定地盘了。

虽然说各庙会卖的货色都差不了许多，可是也有个别另样的。例如有些喇嘛摊专卖玛瑙松石念珠手串，白银镶嵌的首饰，嘴上说是西藏来的，其实都是尼泊尔的产品。护国寺因为附近花厂子林立，爱花有癖的，都喜欢到护国寺蹓跶蹓跶，寻找点儿奇花异草，或买一两盆盆景玩玩。

白塔寺的喇嘛平素不太热衷承应佛事，可是颇有陶朱遗风，对做买卖都有两手。他们摊子上摆满了手工做的木盘木碗，咱们当碗用，可是藏胞自己是用木碗当灯盏的。其实他们主要生意是卖藏香、藏红花、藏青果、当门子一类东西。藏香是以西藏出产的苦楸木为主要原料制成的，这种香是棕褐色，有五尺长，比拇指还粗，黄纸加封，用红绒绳跟细麻秆扎好，论枝来卖，不然香太长，一挤一碰就断了。在西藏这是佛前专用极品供香，北平各王公府邸的影堂（小祠堂）到了除夕，每幅喜容或放大影像之前都要点上一枝，以示慎终追远礼仪隆重。就是烧剩下的藏香头，也算稀罕物儿，遇到孕妇临盆生产不顺利，把藏香在孕妇面前点上，不一会儿瓜熟蒂落如响斯应，准保生个胖娃娃。老一辈的人都这样说，是否真的那么灵验，可就不得而知了。

藏香虽然也是香，可是北平香蜡铺没得卖，只有雍和宫、白塔寺两处有藏香卖。雍和宫僻处东北城角，谁又专程跑趟雍和宫跟喇嘛们打交道呢？所以白塔寺卖藏香无形中变成独门生意了。喇嘛们所卖的藏红花、藏青果、麝香，全说是西藏特产，从西藏来的倒是不假，其实十之八九，都是从产地不丹、尼泊尔运到西藏，再转运到北平的。喇嘛们最看重麝香，假如你说买麝香，他们会很神秘地领你到他们住处，拿出大盒小盒来，跟你大盖特盖，劝你既买麝香，又要买当门子。麝香来自雄鹿身上，雄鹿有个阴囊，分泌一种香液，作用是求偶期引诱雌鹿的，在麝囊迎门口的一撮叫“当门子”，药效最高。麝香假的特多，一不小心就碰上假货。据有经验的人说，凡是在外面油纸刻着一个“杜”字的，喇嘛们保证是真品，如假包换，所说固然难以百分之百相信，不过你到同仁堂、鹤年堂大点的药铺买当门子，有“杜”字戳记的要比没“杜”字戳记的贵三成，那倒是实情。喇嘛摊卖的藏青果虽然也坚如木石，可是颗粒有葡萄干大小，比药铺卖的体积大逾一倍还多，吃到嘴里也是甘涩微苦，味道大致相同，就不知道功效是不是一样啦。这些东西只有白塔寺有几个摊子上卖，其他各庙间或也有，可是就不多见啦。白塔寺里除了喇嘛的住处，两庑不开锅伙（大伙儿出钱，单身汉共同做吃食卖的小本生意人），不租闲杂人等，只租茶馆棋社，所以两廊的情形，比隆福寺、护国寺稍微整齐干净一点。

白塔寺买卖人里有两位特殊人物倒是在国际上出过风头。一个是捏江米人儿的叫玉子，一个是做棕人的海爷，两人都住在宫门口，每逢五六都在白塔寺摆摊，别处庙会他们就很少趁热闹了。玉子尊姓大名差不离的人都不知道，他参加巴拿马赛会得到优等奖状，上头写着“得奖人玉子良”，由此大家才知道他叫玉子良。他得奖作品是《天女散花》。有一张得奖的着色照片（当时还没有发明彩色照片）他视同瑰宝，不轻易给人看，笔者是做成他一笔好交易才看见过一次。照片上如来佛宝相庄严坐在莲台上说法，金翅大鹏在霭霭祥云中展翼呵护，文殊、普贤各坐青狮白象，十八罗汉怒目低眉姿趣各异。散花天女锦衣珠履，顾盼烨然，素绢垂香，轻裾缥缈。侍儿花奴手持花篮，也是明珠金翠，妙舞无伦。整个戏出装在一只七八寸古色古香素锦糊的玻璃盒子里，布局用色固然秾缛壮美，就是远近离合，也能恰到好处，甚至于人物的眉目衣纹、神情姿态也都刻画入微，宛然有致。笔者所见只是照片，如果是实物，当然更是栩栩逼真了。无怪当年评审结果给他的评语大意说："巧心妙手，是手工艺品中的伟大杰作。"他捏的江米人的特色是，不论摆多久，不龟裂、不变形，而且不褪色、不发霉。据他自己说："我这个画面是脱胎于梅兰芳《天女散花》，天女的服饰甚至于眉眼神情都跟梅老板仿佛，这份展览品有的地方改了又改，捏了再捏，费了三个月时间才完成的。现在上了几岁年纪，这么细致的活儿，自己眼力指力都欠灵活，也捏不出随心满意的活儿来啦。”笔者曾经拿余叔岩在《洗浮山》饰贺天保的一张剧照，头戴罗帽，身穿黑箭衣，背插双刀，手拿马鞭，一个趟马姿势请他照样捏，他捏了三天才完工，果然捏得仔细传神，就连身段脸上神情，都捏得惟妙惟肖，简直绝了。笔者在文玩阁子里摆了两三年，都丝毫没走样。后来被余迷票友何友三看见，连要带夺地拿去了。

海爷就更是怪人了，就连他左邻右舍也不知道尊姓大名，只知道海爷，大家所能了解的是，他是京剧票友，常在阜成门外关厢一个戏园子里票戏，后来忽然塌中（嗓子唱不出亮音来，梨园行称之为“塌中”），一字不出，他一灰心，就做起棕人儿来消遣。他把泥人儿完全戏剧化，铠甲旗靠，冠冕相貂，绮袖丹裳，瑁簪绨绣，每个人物都能做得精细逼真。就是净丑的脸谱，挥戈持戟十八般兵器，也做得一丝不苟。他把每个人物袍服锦裾之下，都用小棍和硬猪鬃环绕黏固，把一个个金玉其外胶泥其中的细巧绫人，放在铜茶盘里，用稻秸秆儿敲打茶盘边缘，棕尾人受了震动回旋游走，不时发生异常的动态，非常有趣。海爷的玩意儿，虽然没有参加过国际展览，可是抗战之前铁道部举行过一次铁路展览（简称“铁展”），海爷的摊子摆在西厢的走廊，被一位意大利籍专门研究各国民俗舞蹈的学者发现，罄其当时所有成品，运回意大利，在一处博物馆展览，让大家欣赏，并且还拿到法国展览过一次。世交江振青在巴黎大学攻研美术，看了之后写信来托我买了十几出戏的棕人寄去，敢情当时巴黎人都认为家里摆几个小棕人，算是最时髦的陈列品呢。

平则门教堂一位神父说：“我们教堂跟宣武门里安利甘大教堂，都是明代兴建的，李自成攻陷北京，在金銮殿倒坐门槛儿十八天，当了几天土皇帝，是从巡捕厅胡同经过平则门一带败走的。残兵败将哪还免得了烧杀掳掠，白塔寺一带遭劫最重，受灾最惨，教堂圣坛破坏不算，而且烧光。白塔寺靠近后塔院，一层大殿几乎夷为平地，坍陷梁柱都是上品的金丝楠木，兵荒马乱人心惶惶，每人自顾不暇，那些木料，凡是好的全被乱民盗走变卖，就连圣坛里长祭台，奉献祭器的条案，都是在变乱弭平之后，花了高价才从附近老百姓家买回来的呢。到现在祭坛有一篇勒石记载得非常详细，还嵌在墙上当纪念。”咱因为不谙意法文字，所以始终想去瞧瞧而没去成。

白塔寺后面宫门口，东廊下、西廊下一带，六七十间一所的大房子，还有带花园子的，很有几处，像宣统业师梁节庵、伊犁将军后裔恩泽臣住的，都是四进宅子外带小花园。最奇怪的是那些宅子正房都特别高阔轩敞，东西两厢的配房似乎矮小了好多，两者颇不相称。后来跟老一辈儿人谈起，才知道东西厢下，有几所大宅子，正房梁柱就是白塔寺拆下来的梁柱盖起来的。尺寸虽然嫌大，可是木料好，舍不得破开，就着原材料盖好，因此两厢群房的尺寸，就显着不合格啦。好像两条胳膊比原来部位低下了两三寸，非常地不受看。

宋明轩主持冀察政务委员会时代，有三个歌女方红宝、郭小霞、姚俊英，被称为华北三艳，非常走红。姚河南人，是唱河南坠子的，鬒发如云，辫子长可委地，天生一对眯眯眼，颇能风靡一时。抗战前她在西廊下买了一所四合房，她嫌门楼太高，打算拆了重盖，哪知拆下木料一看，从门楼到过道、檐牙、椽桷，全是上好金丝楠木。她把好木料卖了，添了少数几个钱，在宣外大马神庙又赚出一栋小四合房来。照此旁证，明末清初李自成兵败平则门，火烧白塔寺是不假了。这些老古董的事，现在知道的人大概已经不太多啦，把它写点儿出来，大家以后逛白塔寺的时候，可以作个印证吧！

也谈护国寺

白铁铮兄在他新出版的《老北平的故古典儿》大作里写了一篇《忆护国寺》，铁铮兄自称生于西城，长于西城，读书、教书都在西城，所以能把护国寺土坯殿前两个有名古迹，“机灵鬼儿”“透龙碑儿”说得全须全尾，令人茅塞顿开，好像又逛了一趟护国寺。笔者从小也是在北平西城生长的，读了这篇文章，童年逛护国寺的陈谷子烂芝麻的旧事，又都一一涌上心头。

护国寺原名“崇国寺”，是元代丞相托克托的故宅，燕王棣建都北平，这位皇帝老倌对于前朝故丞相托克托文章道德极为推崇仰慕，于是降了一道圣旨，把丞相府改为托克托宗祠，用资纪念，并且饬令五城兵马司妥为保护。不幸天顺年间一把大火，把个托克托的故居烧得土崩瓦解，片瓦无存。一直到成化七年（1471年）追念先贤才又纠工重建，改名“大隆善护国寺”。这一改建就完全改成寺庙式样啦。改建之后一进山门，东西有钟鼓二楼，第一层殿是哼哈二将，第二层殿是四大金刚，第三层俗称土坯殿，就是当年托克托丞相燕息的正房。当时因为瓮牖绳枢，都是壮丽光整，为了要保持原样，既未抽梁换柱，只是垩墙粉壁丹雘彩绘一番，所以这座土坯殿，屡经风雨侵蚀，反而比前面几层殿坍塌得更厉害。据说这座殿里在同光年间还有托克托丞相夫妇塑像，后来因为拳乱，大师兄们在殿里设坛，门窗户壁损坏更甚，到笔者懂得逛庙的时候，除了梁架径石外，已别无踪迹可寻了。

先师阎荫桐先生是穷毕生精力研究元史

的。有人说护国寺对门有一家贞记照相馆，保存有托克托丞相夫妇塑像照片，笔者特地陪着先师去了一趟贞记照相馆。贞记照相馆老掌柜的是位慈祥和蔼的长者，立刻让柜上伙计翻箱倒箧找出一份八寸底片，等印出来一看，才知道是画像而非塑像，不过照片旁边有一段短跋说，是明万历塑像未毁之前一位浙西画师王应麟照塑像原形画成的。这张照片是同治年间一位有心人把画像再照下来，他们保存到现在的。当年因为定影技术有欠精湛，所以照片印出来之后，有一部分已经模糊泛黄了。在寻找这张照片的时候，让我发现了一大批梨园老伶工们稀有的剧照，敢情贞记照相馆当年跟梨园行的名角儿们都有交往，要照相都在贞记，所以他家存了不少北平各大名伶戏装便装照片。想不到此行居然有这样一宗意外收获，真令人喜出望外。

其中我认为最珍贵的是汪桂芬的《取成都》，孙菊仙的《七星灯》，小马五的《纺棉花》，田桂凤的《也是斋》，刘赶三的《探亲家》骑真驴，余玉琴、王楞仙的《十三妹》，金秀山的《忠孝全》，谭鑫培、罗百岁的《天雷报》，刘鸿升的《斩黄袍》，杨小楼的《艳阳楼》，还有跟杨小朵的《画春园》，跟钱金福的《青石山》，路三宝的《马思远》。当时照片不讲究由小放大，全是八寸、十二寸玻璃板底片，我当时每种都洗了两张保存起来。后来张古愚在上海办了一份杂志叫《戏剧旬刊》，不但图文并茂，而且篇篇谈戏文章都是极有分量的，我把这批照片都送给古愚兄陆续在《戏剧旬刊》发表。后来古愚兄托我把贞记的戏照，罄其所有各印两份，可惜那时老掌柜已经去世，改由少掌柜的当家，诚如铁铮兄所说，尽忙着给人照做媒、相亲照片，无暇及此，所以有负古愚兄重托，一直没能交卷，真是抱歉之至。

护国寺门外，靠着高墙的边，摆满了石榴、海棠、桃、杏、丁香等有色有香的一类花木。游客从花丛里走过，会叫人芬香睟秽，目不暇给。江东才子杨云史有一首竹枝词：“崇国寺畔最繁华，不数琳琅翡翠家。唯爱人工卖春色，生香不断四时花。”这是当年护国寺花市的真实写照。护国寺附近有几家花厂子把式们培养出来的花树，随形趋式巧夺天工，实在叫人喜爱。花厂子一共四家，是“奇卉”“莲记”“蕙芳”“远香”，他们每家在丰台都有十亩八亩不等的花圃暖房，在护国寺的也不过等于门市部，摆点应时当令的鲜花盆景，作个宣传而已。“奇卉”“远香”因为在护国寺附近占地较多，屋宇宽敞，又有暖房温室，所以还代客存花。北平有些大户人家，自己家里没有温室，又没雇用花把式，家里如果有比较名贵而又怕冻的花木，像香橼、佛手、茉莉、白兰、栀子、珠兰等，一过重阳都可以委托花厂子挑去，放在他们的花洞子里保养过冬。如果家里有红梅、白梅、腊梅一类香花，是准备过年在佛前供养、祠堂上供用的，可以事先告诉花厂子，到除夕前两天给您送来，准保在新年是花开富贵灿烂盈枝。

这几家花厂子跟舍间都有多少年的交往，所以花厂子的名字，虽然事隔二三十年，还能说得出他们的字号来。

护国寺后殿西北角是喇嘛院，院里住的都是喇嘛。护国寺的喇嘛可以跟汉人通婚，所以里头住的喇嘛都渐渐汉化，有的小喇嘛，不但不会念喇嘛经，简直连蒙藏话都不会说啦。塔院尽头有两间小砖房，里头住着一位老喇嘛，大家都叫他“疯喇嘛”。一般喇嘛向来不忌荤腥大吃牛羊肉，可是疯喇嘛，却吃净素而且过午不食。整天四处云游，双扉倒锁。当年戴季陶、汤住心、屈映光几位护法在杭州举办护国息灾时轮金刚法会，会后约同章嘉活佛一同回到北平，章嘉到处托人找一位甘珠尔嘉达乌苏喇嘛，敢情就是那位疯喇嘛。据章嘉说：嘉达乌苏是黄教中现代精研《楞伽经》唯心唯识论，获得真谛的一位圣哲，所以要请他回藏说法，于是把他安置在西湖饭店。汤住心的公子佩煌兄彼时刚从燕大毕业，他听章嘉的侍从们说疯喇嘛会请神拘鬼，他年轻好奇，跟疯喇嘛厮混熟了，天天腻着疯喇嘛露个一两手给他瞧瞧。疯喇嘛被磨烦得没了办法，有一天拿了一碗凉水，也没画符念咒，用凉水在地上洒了一个大圈圈，把黄表纸三张点燃，往圈里一扔，熊熊的火球滚到水圈边上顺着水圈滚了一圈半，才化成纸灰。他说纸灰里就有两个鬼拘在水圈里转，鬼魂无辜，他要诵经一百遍超度往生。这件事是佩煌兄亲自所睹，亲口所述，料想不是骗人的。不过究竟是什么缘故，就让人猜不透啦。

护国寺街还住着一位北平的名人叫郭崽子的，他在护国寺西口路北开了一家冥衣铺，主要业务是给死人做成衣糊烧活，同时夏天给人糊纱窗，也给人糊顶棚、四白落地的壁纸，所以又叫裱糊店。郭崽子的裱糊店叫什么字号，恕我记性不好，一时想不起来了，反正一提郭崽子，西半城的住户大概没有不知道的。人刚死，他家糊的倒头车轿，细巧绫人，金山银山，伴宿开吊的楼库，出殡孝子用的丧盆纸幡，死后五七姑奶奶烧的重檐带座的绣伞，六十天烧的船桥，他都能比别家糊得精巧细致。尤其死者生前所需用的一切衣物家具，只要您说得出东西名称样儿来，或是把真东西看过，就能给主顾糊得出来，而且绝对逼真。

记得先祖母去世，家里让郭崽子糊了一只紫檀的香妃榻，上头铺着白夏布的厚垫子，因为尺寸大，就放在经棚底下走廊上啦。有位舍亲从南方赶来吊祭，上香行礼后，看见走廊上有只香妃榻，正好坐下歇歇腿，哪知往下一坐，人摔了个屁股蹲儿，香妃榻自然也垮啦。这固然是棚里头光线差点，看不太清楚，也足证郭崽子糊的烧活，真是到了惟妙惟肖的地步了。

抗战胜利后郭崽子虽然去世，可是他冥衣铺还开着。侯榕生女士曾经以美国人身份回北京探过亲，据说护国寺一带大拆大改，盖了一座演样板戏的剧院，甭说郭崽子的冥衣铺，就是占地颇广的贞记照相馆、几家花厂子，也都成了断井残垣，瞻吊无从。往日熙熙攘攘的风光，只有在睡梦里寻找一些历史陈迹，将来跟孩子们说起机灵鬼、透龙碑一类故事，那就更是“白头宫女说天宝遗事”啦。

奇庙雍和宫

北平安定门大街东边，北新桥北面，有座雄伟壮丽的喇嘛庙，那就是雍和宫。这座著名的大庙，最初是前清雍正皇帝胤祯未即帝位前，皇四子时期的潜邸（清制皇子的府邸，俟即皇帝位后改称潜邸）。雍正御极之后，将潜邸一半改为黄教喇嘛的上院，一半改为行宫。据宫里太监传说，早先大小寿安宫丽景轩各有一条地道直通皇四子潜邸。雍正三年（1725 年），行宫部分有刺客潜入纵火，全部焚毁，这才全部划归喇嘛僧掌管，改称雍和宫，同时把直通宫禁的地道阻塞填平了。

雍和宫最初既是皇子府邸，未来王者之居，自然是秦宫别殿，玉宇璇阶，一切建筑迥异寻常。自从全部改为喇嘛教寺院之后，雍和宫在河北省各县拥有数不清的田产房屋，而且只收房租地租，不纳钱粮。喇嘛们食用富足，把用不完的钱，拿来大兴土木，力求宫室富丽华美，两百年来，几经修缮，雕梁画栋，黄瓦红墙，金芒照耀。比起皇城里冷宫长巷，蔓草迷离，苍梧云冷，荒凉的情形，真令人有说不出的感慨。

雍和宫因为是喇嘛庙，殿苑楼阁明堂邃宇，不像僧道寺观按层分进，飞阁崇楼，都是迂回错落，别具匠心的。宫中最著名的有祖师殿、额木齐殿、永佑殿、绥成殿、法轮殿、鬼神殿、雅木得克楼、万福阁等处。每座殿里差不多供满了大小佛像，十之八九都是金质的。另外就是蒙古沙金镂铸的千奇百怪的十三层宝塔，最大有高逾寻丈的，最小有的高不逾寸的。每座都是累璧重珠，霞光流碧，每层宝塔各有玉果璇珠，更有高僧舍利，每天都有喇嘛绕塔诵经，花香供养。

万福阁又名万佛楼，据说在乾隆年间，云南蒙自有一富绅毕大符，在江心坡得到一株二三十丈长巨大檀香木，诚心诚意，要呈献皇家，于是不惮跋涉，水旱兼程，从云南运来北京。御前献宝时，龙颜大悦，把这段巨大檀香木运到雍和宫，征召雕塑佛像有名的良工巧匠，尽其可能就檀香木尺寸，雕刻一座立式巨佛。那尊佛像塑成之后，庄严高耸，翛然出尘；据说佛的肚脐跟安定门的城垛子一般高，耳朵眼儿里可容两人下棋，脚背上两人并肩躺卧，还是宽宽绰绰的。总而言之，这块檀香木，有多么大就不难想象了。

这尊巨佛体积既然特大，当然是先把地基打好，随即安座。这座万福阁是先竖起佛座，后盖佛阁，所以佛顶上的檐牙、椽桷、藻井顶部，跟佛身高度是配合得恰到好处的。巨佛金身不是一般佛像缀以金箔（俗名贴金），而是镂金垩彩，㦤冕明珰。尤其佛顶一颗明珠，光芒晔煜，宝相庄严，手上一方丝绸方巾（喇嘛称之为哈达）均是出自内廷金縢缔绡，外间是不容易看得见的。

绥成殿佛座正中，悬有一张白色素缎伞盖，上面画满了历代活佛符咒，喇嘛们都认为这是具有无上金刚法力降魔至宝。伞下供奉三头六臂佛母，更是密宗九天尊神的主宰。

雅木得克殿有一犬面怪佛，腰悬人头骷髅，足踏妖女，形状极为凶恶。这尊怪佛是拒抗七情六欲，名叫“广大普化天尊”面恶心善的圣哲。

鬼神殿又叫特参殿，里面供的大大小小欢喜佛，都是人身兽面、千奇百怪的男女佛像，赤裸裸的，一丝不挂。殿里灯光暗淡，引领参观的苏拉喇嘛，点燃起一根蜡烛，瞻拜的香客们才能仔细观赏一番。临走时少不得让您请一两尊小欢喜佛回家，说是福自天申；如果您对欢喜佛不感兴趣，那带领随喜的赏赐，自然要多叨光几文了。因为特参殿所供的佛像，都是别的寺院所看不到的魑魅魍魉，每个人都有一种好奇心理，既逛雍和宫，总要到特参殿看个究竟，因此凡是喇嘛和苏拉轮到特参殿值年，比中头彩还来得高兴呢！

清代有一项特例，当皇帝有灾病的时候，时常到雍和宫去焚香顶礼，然后选定某一喇嘛给皇帝做替身。一经指定，这位喇嘛立刻身价百倍，晋升为大喇嘛，不但从此终身安富尊荣，而权势排场更是无与伦比。雍和宫的喇嘛跟其他喇嘛庙的喇嘛身份不同，等于是个官职，他们也按职司大小按月发给口粮和俸米呢！这种官派喇嘛，可比一般喇嘛神气多啦。

雍和宫除了一般法事之外，每年还有两次宗教特殊仪式：其一，农历正月二十九到二月初一举行“打鬼”；其二，农历十二月初七“烧线亭子”。

打鬼的仪式分三天进行：第一天叫“演鬼”，第二天叫“打鬼”，第三天叫“转寺”。在这三天里，以第三天最为重要。据喇嘛们说，我们人世间常有妖魔鬼怪荼毒生灵，“演鬼”“打鬼”便是为了降魔除鬼而举行的。那三天拂晓星月将沉，就在殿上唪经念咒了，并且事先指定两个身强力壮的喇嘛，一扮黑鬼一扮白鬼，另外有若干喇嘛都戴上獠面獒牙的头套，在黑白二鬼后面唬啸狷奔地追赶，而一些高级喇嘛大声诵经念咒。有的则用黄教独有的驼鼓铜号，在队伍里一路吹吹打打，踧蹶跳踉，这种舞蹈叫“跳扎布”。所有各处宫殿都要环绕一周，这就是所谓“转寺”，最后把黑白两鬼打倒，这时装扮黑白两鬼的喇嘛，立刻把面具鬼装脱除，用两个油酥灰面做的人像作替身，然后用刀把面人砍得稀烂。他们认为这样做法，可以保佑一年之内大吉大利。北平有个习俗，规矩老根底人家，多半不准去看雍和宫打鬼，因为降魔驱鬼，神鬼互相追逐的时候，让他们撞上一下，整年都不顺遂，要是怀孕的妇女碰上，不是鬼胎，就是流产。所以真正的老北平没看过雍和宫打鬼，一点儿也不算奇怪。

“烧线亭子”是在农历十二月初七举行，用秫秸做个架子把丝线彩绸扎成一个凉亭模样，另外纸糊细巧绫人两个，一是须发苍白的老人，一是绿鬓新裁的少年，都架在一个大水盆上。由喇嘛围着念经转咒，然后把亭子和纸人一齐用火焚化。听雍和宫的老喇嘛们说：“老人是岳武穆，少年是他儿子岳云，亭子是风波亭，那天正是他们父子蒙难归天的忌日。岳氏父子忠肝义胆，誓复河山的凌云壮志，是大家所钦仰的，所以给他们诵经祈祷福国佑民。”此外，法轮殿四壁绘有一套利支天菩萨道场的名画，跟泰京“越坡寺”（俗名卧佛寺）本堂描绘佛祖一生事迹，也就是佛学上的《本生经》以及两廊排列三百几十尊形态各异的释迦牟尼佛像，被研究佛典学者视为稀世三大瑰宝。不过一般游客观光随喜，若不是内行向导加以说明，大都过眼烟云，一瞥而过啦。

在鬼神殿的殿前，陈列着两只全身黑毛的大熊，躯干伟岸，长有一丈三四尺，是不经见的一对巨熊。据说是乾隆皇帝在长白山行围，亲自猎获的战利品，臣下们为彰天威神武，制成标本陈列殿庑。虽然其势虎虎，可是比起现在标本大师夏元瑜教授一手绝活，那可差得太远啦。不过在当时能做成标本，还不知费尽多少人心血呢。

春明燕九话白云

北平最大的喇嘛庙是雍和宫，最大的道院是白云观，两者相比，虽然雍和宫曾经做过雍正的潜邸，以占地面积而论，白云观可比雍和宫大多啦。

白云观在北平西郊，距离西便门只有二里多路，由元旦开庙，一直到二十五日才关庙门，算是一年一度的庙会结束，其中正月初八星宿殿祭星，正月十九日会神仙，是庙会期间两个高潮。

依据蒋一葵的《长安客话》记载："白云观即元时太极宫，内有丘真人遗蜕。真人名处机，山东登州府栖霞人，字通密，年十九出家为全真，在龙门山潜修，又学于宁海昆仑山，拜重阳王真人（嘉）为师。金世宗召至中都，讲道于长春松岛浮玉亭，因自号长春子，后还终南。元太祖即位，遣近臣刘仲禄，安车蒲轮，聘至当山之阳，设二帐于黄幄东，以便顾问。时太祖方西征，日事战伐，真人与论道，言欲一天下者，必在乎不嗜杀。及问为治之道，则告以敬天爱民为本，问及长生之道，则以清心寡欲为要。太祖深契之，癸未乞还燕，封大宗师，掌管天下道教，使居太极宫。丁亥，易宫额曰长春，卒诏赠长春演道教主真人，正统三年重修易名白云观。”

以上记载就是丘处机大略的生平，正月十九日是丘真人的诞辰，自元明迄清，庙里都举行燕九会，因为那天又是另一位全真道人丘元清就阉之日，群阉趋赴膜拜，所以又叫“阉九”。有些年轻好弄之徒，借着游冶纷沓，致酒撂蒱，弹射走马，所以“耍燕九”又是都门士女一项新正游乐的好去处。

这个被称为道教全真派第一大丛林白云观，是中国最有名的道观，论年代总有一千多年，比江西龙虎山天师府的玉清金阙，似乎还要严丽弘敞。

观里第一进玉皇殿供的是昊天上帝，冕旒黼黻，博带执圭，据说塑像是前代一位名家塑造，至于出自哪位名匠手艺，因为年深日久，就没法考查了。

第二进是灵官殿，这座殿原来供奉马魁胜[①]、赵公明、温琼、岳飞，道家所谓四大元帅的。清康熙皇帝对于岳飞抗金，始终没有好感，若干关岳并祀的武庙，都经他改为关帝庙，此殿重新整修，马、赵、温三位元帅，受了岳武穆之累，一律除名，单独改奉王灵官（名善），所以索性改名灵官殿。王灵官是一名玉枢火府天将，赤颜三目，金甲执鞭。

① 斗口魁神马元帅，名马胜，又称华光大帝，民间俗称马王爷、马灵官。

宋徽宗时尝从蜀人萨守坚传受符法，永乐中敕建天将庙，宣德中改为火德观，岁时遣官致祭。道观之内塑有王灵官像，就如同佛教寺院之有伽蓝，都是镇山门、崇护法的措施。白云观是京都首席道观，焉能没有护法镇慑，就此借词把四帅殿改为灵官殿了。梨园中武生泰斗杨小楼是白云观出家的玄门羽士，对于白云观的一切，知之甚详，所说当然是言而有据的。

第三进是七真殿，奉祀道教北宗七真人：丘处机、谭处端、马钰、刘处玄、王处一、郝太通、孙不二。这七位都是王嘉弟子，嘉字知明，陕西咸阳人，是道教全真派始祖，以儒教的忠孝、佛教的戒律、道教的丹鼎，熔冶于一炉，谓之全真教，后世道教奉为北宗之祖。

第四进是老律堂。道教以李耳为始祖，尊为太上老君，为老民戒律之堂，自明迄清，白云观历代律师传戒，皆在此堂举行。到了民国北洋时期，有一年全真教举行传真大典，德国有几位研究神学的，发现道家思想，无论在社会人生、政治思想、文学艺术、科技发展都有奥颐深秘的哲理，道家的宇宙观是一切都顺乎自然讲求“无为而治”的。所谓无为，并非是说垂拱而治什么都不做，它主旨是一切要顺乎自然，不违逆自然法则，这跟西方哲学家所主张“只有服从自然，才能擒服自然”的学说是互相吻合的。于是十几位神学院的学者，甘愿远来中土，传习戒律，研究道家哲学。民国初年一般人还不懂什么文化交流一套学说，白云观传戒，骤然之间来了好多位洋道士研习律，于是引起了警方注意。当时警察厅总监是陈兴亚，他密令各区署长严密查察他们有什么不轨冀图。区署署长中的延少白、吉士安、殷焕然都跟杨小楼有不错的交情，恰好当时是杨小楼担任传戒的引礼师，经他把事跟延、吉、殷三人解释清楚，传戒大典才得以功德圆满，顺利完成。

第五进是丘祖殿，殿的中央，供长春真人塑像，玉辂卷云，神姿高彻。据说当年刘元塑造这座神像三昼夜不眠不休，才完成初胚，是刘元传世最精品之一，斐榉奂烂，令人望之生敬。座下埋藏真人遗蜕，道家称之为“龙门祖庭”。像前有一木瘿刳漆涂金钵盂，上广下狭，式样古拙，是真人遗留法器之一，金钵外刻清高宗御制诗，承以石座，是白云观镇观之宝。

最后一进三清阁，是两层阁楼，虽然是明宣德年间兴建，可是所用榱拱梁柱，都是元代木石，阁内供奉元始天尊、灵宝天尊、道德天尊，三尊塑像虽然也是名手塑造，但跟丘真人塑像的神仪内莹一比，就可证明刘元手法技巧的确不愧是一代宗匠了。

在白云观后进西北角，有座星神殿，殿内分上下两层，塑着各位星神座像，昂首怒目，皤腹低眉，龙骧虎踞，各极其致。每逢正月初八，晨光熹微，就挤满了祭星的人啦。

凡是祭星香客，一进殿门，随便认定一位星宿，往右边一尊一尊地往下数。譬如说您今年正好花甲之年，您就数到第六十位，再仔细端详那位星君的法身，神姿仪态，祭星的人往往越瞧越觉得自己长相跟星神有点仿佛，甚至于说得活灵活现，好像他就是那位星君下界转世。这种自我陶醉心情，大家只有窃笑，大年下人人都图个顺当，谁也不愿意说破，让人家扫兴呢。还有一种简单顺星方法，就是每位星神座下，贴有一张黄纸签儿，注明那位星君是几多岁的值年星宿，香客认准之后，就在那位星君座下，烧香、许愿、给香钱、添灯油，也算心到神知功德圆满啦。北平各庵观寺院有好几百座，可是，只有白云观有星神殿，所以每年祭星那天，仅星神殿一天所进的香钱，比一般庙宇一年的香火，还要旺盛多呢！

白云观从正月初一起车骑如云，游人纷沓，一直热闹到过完燕九节为止，正月庙会才算结束。二月十五是道教始祖太上老君圣诞，每年各地道众真有不远千里而来瞻拜的。因为白云观所藏道教历史文物图籍丰富渊杂，藏书中有一部道藏，计五千余卷，所收多周秦诸子、晋唐佚书，有正统、万历两种刻本。远来道众，只有那天才能一窥此奥颐宝藏，机会难得，所以道众来得异常踊跃。字画方面有开元石刻老子像，元无名子所画《雪山应征图》长卷，那幅手卷写元太祖、丘真人雪山晤谈玄机，另有一方伏魔墨玉印，合称镇观四宝，除非大有来头的施主，等闲人是不容易观赏得到的。

《帝京景物略》里说："群阉趋附，以丘长春乃自宫者。"虽然跟另一传说丘元清自阉成道有异，可是从明代宦官东西两厂权倾一时起，就把白云观当作太监们的祖师庙啦。清代皇帝因为恪遵祖训，对于内监管束严格，所以太监们还不敢过分恣意嚣张，可是到了慈禧垂帘，安德海、李莲英一帮阉人宠信日专。在光绪初年，白云观由一位叫高峒元的道士主持之后，白云观又车马盈门，热闹起来。高道士不但神采隽迈，高超清旷，识见博雅，谈吐流畅，就是衣着也冠佩雍穆，如神仙中人。他自从打听出李总管是慈禧太后跟前第一宠监后，就处心积虑，想跟李总管亲近结纳。靠近什刹海的烟袋斜街有一家古玩铺，是李总管歇班时候常去坐坐的地方，于是他下了工夫不时椎髻卉裳、衣冠齐楚地到那家古玩铺去，把白云观历代相传下来的镜、铎、印带到那家古玩铺，请铺子里高眼来赏鉴品评。皇天不负苦心人，有一天他在古玩铺闲聊，居然碰巧李莲英也到古玩铺来，想找一只玉翎管，正好相遇。高峒元长了一个上人见喜的面庞，童颜鹤发，仿佛带有几分仙气，加上剪裁合身蓝宁绸道袍，腰系金钩绫带的丝绦，声如戛玉，妙语便捷，李总管跟他一见投缘，从此越走越近，不久两人就变成莫逆之交啦。有一次慈禧銮驾去颐和园歇夏，正好西直门修路，只好改道从西便门出城，路经白云观。慈禧看见这座巍峨道观，垣宇剥落失修，李莲英抓住机会，将白云观来历灵迹描述一番，慈禧一高兴，吩咐荣禄，由内务府拨库帑一万两给白云观重修庙宇、再塑金身。太后拨库帑的消息一经传了出去，加上李莲英的矫旨劝善，高道士乘机造谣，京里的王公大臣、京外的督抚巨绅也凑趣解囊，不到三个月就募集了八九十万两银子。于是鸠工垩黝，彩绘丹漆，奕奕奂奂，内外一新。高道士又撺掇李莲英在老佛爷跟前游说劝驾，开光那天恭请老佛爷御驾莅临，燃烧第一炷香，不但可以增福添寿，而且是庇荫大千，造无量功德千载难逢的机会。老佛爷平素笃信仙佛，听了这话，到白云观开光那天，自然是御驾亲临拈香拜佛，高峒元当时召集全观羽士，玄冠褋服，鸣钟击鼓，跪接恭迎，在三清殿念了一坛无量寿佛经给老佛爷祈福，同时用金漆木盘献上一道灵符，说是丘祖向玉帝请来的，请老佛爷佩带，可以庇佑她国运昌隆，与天同寿。慈禧一高兴，立刻加封高峒元为总道教司，赏赐玉铎、明镜、金印三样法器，并且亲自画了一幅虬曲苍劲、傲骨嶙峋的梅花中堂，以示恩宠。

高峒元自从晋封总道教司之后，气焰声势日高，整天跟李莲英、荣禄一帮在老佛爷跟前有财有势的大红人儿一块儿厮混。从那些权臣宠监口中，有意无意之中，自然听到不少的宫闱隐事、官场秘辛，他本是惯于出卖风云雷雨的人物，趁此良机，就搞起贿官鬻爵的勾当来了。白云观僻处西郊，早晚进城出城极不方便，于是索性把前门外杨梅竹斜街万福居饭铺的东跨院包租下来，等于是白云观的下院，院落中布置得回廊曲径，绿竹扶疏，室内则珠箔银镫，湘帘棐几，排场豪华不亚王公府邸。高峒元对于割烹之道，也是高手，一味神仙汤，一盘高鸡丁，他把不传之秘，告诉了万福居的头厨，一直到民国初年，还有会吃的老饕到万福居去品尝高道爷的名菜高鸡丁呢！

据说当年李鸿章在莫斯科所订《中俄密约》，俄国所用国际间谍，就是走的高道士门路，他蛊惑李莲英游说慈禧用联俄制日攻守同盟，一套说词打动她仇日心理，使得李鸿章得到慈禧暗中的维护，才能顺利签订《中俄密约》。俄国历史家罗曼诺夫所说，三百万金卢布“李鸿章基金”如果属实，则李莲英之外高峒元所得大红包可能也是大份儿，谁又想得到一个毛老道，能有偌大神通呢！

高老道对于他自己年龄，总是故示神秘，含糊其词不肯告人，看他五绺长髯清疏如银，最少有七八十岁，可是他步履矫捷，又有如健男一般。如果有人单刀直入叩问老神仙鹤算，他总是哈哈大笑说：“贫道当年伺候过宣宗皇帝，当时道光爷也问过贫道岁数，那个时候已经记不清了，时光弹指，日月跳丸，能吃便吃，能睡便睡，哪管它度过几许岁月。”他这语带玄机的措词，反而令人莫测高深了。高道士是光绪三十三年（1907）羽化的，加上李莲英给他撑腰，徒众们又有些权臣勋戚的子弟，死后哀荣，自然是风光阔绰迥异凡流。北平名律师王劲闻有搜集喜帖、讣闻的癖好，他藏有三份讣闻，视为珍品，一份是孚威上将军的，一份是伶界大王谭鑫培的，再有一份就是高峒元的了。高那份讣闻长有尺半，棕色红盖蓝的官封，雕板木刻，宫里上赏的物件，就排满四五页，列名徒众又是四五页，真是剞劂奇藻贯绝古今了。

北平钟楼的故事

北平从地安门往北，有两座飞檐重脊、鸱甍丹楹、崔巍磔竖的高大建筑物，就是钟楼和鼓楼。

钟楼最初是距今五百多年明永乐年间筑成的。后来被迅雷闪电击中失火，化为灰烬，一直到清乾隆十二年（1747 年）又重建的。

鼓楼的历史比钟楼更久远，是元至元九年（1272 年）兴建的，元人称它为“齐政楼”。每月朔望，商贩云集，百戏杂陈，跟后来东、西两庙（隆福寺、护国寺）大家赶集一样热闹。明永乐皇帝对于上元闹花灯特别有兴趣，后来指定鼓楼一带为元宵闹花灯的集散地，把鼓楼雉门础壁又重新丹垩彩绘一番，索性把这条通衢大道也改称鼓楼大街。一直到民国三十五年鼓楼大街依然是北城最热闹的地方。

现在时代进步，大家看钟鼓楼已经不合时用，纯粹是摆样子的两座装饰性建筑了。其实古代没有钟表，宫廷里有日晷、月晷、铜壶、滴漏校正时刻，一般老百姓就全靠钟楼、鼓楼击鼓撞钟来对时了。笔者幼年时节，午夜梦回，漏尽更移的时候，还听到过渊渊钟鼓，仿佛还是前此不久的事情，但是仔细一算，已经是一甲子的事了。听说清光绪年间还有人专司其事，逢更必报，到了宣统时期，才把报更也免了，只在交子、正午击鼓撞钟两次而已。撞钟击鼓，鼓是配合钟声的，每次撞钟五十四下，传说是“紧十八，慢十八，不紧不慢又十八”，昼夜加起来是一百零八响。夜静更阑的时候，钟声及远，可达四十里。

到了民国初年，午夜钟声虽然照撞不误，可是每天日正当中就改成鸣放午炮啦，一声巨响以便全城的人对时。

在鼓楼后钟楼前的空场上，一直放着一口形态古拙、绿锈斑驳的大钟，据说是元代的遗物，钟楼上挂的那座大铜钟，是后来明或清代所铸用来报时的了。这口铜钟高达三米五六，比两个人还高，有八寸多厚，吊在一座龙头蟠木的架子上。一般钟声都是发出“当——当——”的音响，可是北平钟楼这座大钟，发出的尾声是：“要鞋——要鞋——”关于这口大钟，北平还有一段动人的传说。据说很久很久以前，某一朝皇帝要铸一口大钟，结果第一次钟没铸成，于是把所有铸钟高手汇集起来合铸，接二连三地都失败了。北平城里城外铸钟的几乎没人敢承应这一桩铸钟工作，皇帝只好降旨征召妙手良工。后来有一位老铜匠应征承铸，经过若干天，用尽了一切方法，钟还是铸不成。眼看限期一到，这种征召工作，如果不能克期完成，轻则充军，重则砍头。老铜匠只父女二人，相依为命，于是回家跟女儿诀别。父女二人在悲痛难过之下，这个姑娘一定要跟父亲到现场去看看铸钟的情形，老铜匠万般无奈，便把女儿带到熔化炉旁边观望。谁知就在最后一炉铜汁将近熔成的时候，女儿忽然纵身一跃，跳进洪炉，等她父亲起身抢救，已经来不及了，仅仅抓住了她的一只鞋。女儿投炉自焚之后，那一炉铜汁倒进模子里居然铸成了一座宏达遐迩的巨钟。巨钟铸成之后，自然是龙颜大悦，不但老铜匠免了杀身之祸，而且协助工作的一干工匠也都得到厚赏。可是每当敲钟的时候，老铜匠便想他以身殉钟的爱女，对爱女的幻象跟钟声合成一种奇特的响声："鞋——"老铜匠跟同事谈起钟的声音，大家也都清晰地听出钟声是"鞋"，再辗转传到上九城的居民耳中又变成"要鞋"。直到如今，凡是老北平都知道这段故事。

海甸之忆

前些天在一位同学家，跟几位中学同学不期而遇，有的暌违四十年未通消息，居然在垂老之年，相逢宝岛，少不得要把酒倾谈，相互话旧了。居停张魁一是北平京西海甸裕丰酒店的少东，他在台湾一光复，就渡海来台，因为台湾酒类专卖，只好改行经营皮革。那时中兴、华号两只海轮，定期往来沪、台，所以陆续带来上百打自制佳酿莲花白，起初还不甚爱惜，等喝剩下五打莲花白了，才发觉“莲花白”在台湾有钱也没处买，才珍惜起来。现在老友重逢，海甸又是童年共游之地，大家又能在一块喝到海甸名产莲花白，那比吃山珍海味，还觉得珍贵。既然喝的是海甸莲花白，话题自然而然就聊到海甸了。

北平城里虽然有中山公园、太庙、三海、故宫博物院可玩，但是那些宫殿苑囿、玉清金阙，看多了反而觉得没有修竹夹池、长杨映沼、满川野意来得赏心悦目。所以到了春光骀荡，或是秋高气爽时候，北平郊外唯一大镇海甸，就成了我们跳浪酣歌的好去处了。

海甸因为湖泊纵横，又叫海淀，虽然是个小地方，凡是老北平可是没有谁不知道的。从北平一出西直门，全是其平如砥沥青马路，两旁镶着青石板的车道是专供笨重车辆行走的。路旁桃柳苍松，绿云相连，有一种说不出来的绿野香波。从北平到海甸街是十六里整，所以我们到海甸郊游，不是踏自行车就是骑小驴。有时大家一起哄，从西直门坐趟子车，一人花十几大枚，说说笑笑，不一会就到海甸了。

海甸是三千住户的大市镇，在清朝康乾

鼎盛时代，因邻近圆明园、畅春园，名园胜地，王公贝子、名公巨卿因为入园方便，相率觅地筑园，引泉凿池，自营菟裘。等到慈禧当政，扩建颐和园为避暑夏宫，每年夏天必定要入园歇夏逭暑，海甸于是成了御驾打尖的中腰站。而去西山、香山、玉泉、翠微游山逛景游客又都是必经之路，所以海甸不但是半都市化的乡镇，而且皇家气氛还很浓郁呢！民国肇建，海甸市面冷清了没多久，燕京大学又开始在海甸建校。集荟工商学五行八作在一个乡镇上，益以本地人宗教信仰复杂，庙宇里梵音禅唱，福音堂救世军的传道诵诗，礼拜寺的唪经礼拜，越发增加了地方上的繁荣。凡是都市有的商店行号，此地是靡不悉备。就拿邮政来说吧，本来镇上设个邮政代办所就足够啦，后来扩充到三所分局，还感觉人手欠缺忙不过来呢！

一进海甸正街，首先看见两座大水塘，因为玉泉交流虬绕蜿蜒，清泉石涌湖水凝碧，这样柔美的景观，立刻令人心旷神怡、耳目一新。海甸特产有一种红香稻，冷泉漱玉、土壤肥沃，煮出稀饭来浅粉柔糯，微得甘香。可惜产量不多，清代列为贡品，一律选进内廷享用。到了民国十年左右，大家才能尝到海甸特产的红香稻，价钱比一般稻米可就贵多了。海甸盛产莲藕，所以烧锅里有一种特制的白干叫“莲花白”，怎样酿制，谁也不得而知，可是甘洌浥润，入喉不燥，进口有一种甜丝丝的清香。因为产量不多，所以不像贵州茅台、泸州大曲那么遍销全国，驰名中外，可是喜欢喝两盅的朋友只要经过海甸，总要带两瓶莲花白回去细细品尝的。有两家酱园子“万顺”“天成”酱菜也是城里人特别欢迎的，他们做的酱菜咸中带甜，甜而且鲜，到了清明前后，水红萝卜一上市，用小红萝卜蘸黄面酱下酒，海凉脆爽，可算一绝。

海甸正街路南，有一家二荤铺叫裕盛轩，门口两根冲天抱柱丹漆的牌楼，檐牙高啄，就连北平城里最大的二荤铺，也比不上它的雄壮崇隆。庭宽院敞，比一般饭庄子还要堂皇气派。当年太后老佛爷玉辇清游，驾幸颐和园，总要在裕盛轩打尖用膳，全部扈从的车舆卤簿都可以安置在大敞院内。裕盛轩红白案子都有几把好手，他家所烙一窝丝清油饼，脆而不焦，润而不油，比城里几家大山东馆都高明。燕大校长吴雷川先生主持校务时期，颇惮远行，尤其怕进城宴客。遇上好友惠然远来，时或约在裕盛轩小吃，总少不了来几张清油饼。他老人家虽然是杭州人，可是在北平住久了，也颇精于饮食，认为裕盛轩的清油饼比致美斋、泰丰楼烙的都要地道，当非虚誉。

笔者祖茔在京西六里屯，当年每逢清明上坟祭扫，总是在裕盛轩打尖。我觉得他家做的“过油肉”“糟烩鸭条”都非常出色。烩鸭条的鸭子是他们自己喂的，整天在玉泉支流里饮名泉、吃活食，自然比人工填的鸭子肉嫩而滑润啦，加上用的是酿莲花白的头糟，城里头的饭馆如何能望其项背呢！

海甸西上坡有一座王家花园是步军统领王怀庆的别墅，穹石曲坞，尘氛不扰，传说是明代李皇亲的畹园，跟当时米仲诏的勺园，是海甸两大名园。园的正厅叫挹海堂，西北角岩峣耸直，上面有一座叫松寮的小楼，还有明肃太后御笔“清雅”两字横额。登楼远望，万寿山的倾宫琼室、穿廊圆拱尽入眼底。《帝京景物略》说：“园中水程数里，屿石百座，乔木千计，竹万计，花亿万计。”想见当年是如何的天池深广，雄奇秀丽了。不过历经数百年沧桑变幻，旧时亭榭尚依稀可寻。所以有些风雅之士行经海甸，总要到王家花园凭吊一番。

北上坡有一座八旗会馆，是当年扈从大臣们燕息之地，廊腰缦回，清丽静穆。园里有鱼池，幽泉漱玉，临流倒影，可以垂钓，碰巧遇有大的鲢、鲤上钩，比市售鱼类肥而鲜嫩。会馆属于旗产，由一位前清小武职官德爷看管，一般人是不能随便入园观览的。德爷虽然是个哨官，可是人很风雅乐天，不但捻得一手好笛子，而且南北曲都极高明。清华大学校长周寄梅、寿康贤乔梓，就不时来做德爷的座上客度曲听歌。德爷喜欢吃月盛斋的烧羊肉，我们有时带点烧羊肉去给德爷来下酒，所以我们也算是颇受德爷欢迎的客人呢！

蓝靛厂在前清是火器营所在地，蓝靛厂的住户，十之八九都与火器营的营兵有关。据说蓝靛厂是清军入关后最早屯营地区，后来才有所谓驻防制度。蓝靛厂的旗兵，聚族而居自成部落，所以言谈、动作、服饰、起居，跟住在城里的旗籍人士，细心体察，都有点不同。真正老北平一听说话，就能听出是蓝靛厂在旗的。民国初年一排一排的营房鳞次栉比，靶场的垛子也还旧垒残堞遗迹犹存。到了民国十几年，所有营房都坍塌倒坏，渐渐改成简陋的民房啦。可是北平养鸽子人家，想要踅摸几只清馨摇空的鸽子哨，那必须远征蓝靛厂，求教于鸽子哨赵家呢！鸽子哨赵家的鸽子哨赵爷，早年也是火器营出身，因为自己喜欢养鸽子，于是细心琢磨做出些与众不同的鸽子哨。一般鸽子哨都是利用硬而且薄有弹性的纸片卷成圆纸筒儿，两边再各托上一纸片，中间留一小洞，洞的大小深浅可就分出手艺高低了。把哨子在鸽子的尾巴根上系紧，迎风激荡，自然发出嘹亮飞空的音响了。鸽子哨赵爷因为肯下功夫研究，又不惜工本，所以他做的比市面上的就精巧工细多啦，响起来更是抑扬清壮、转折分明。所用材料，最初是斗索胡用的纸牌，纸牌用宁波出品，上有一层油蜡，做出哨子来能打远，缺点是纸牌稍宽，做出哨子来体积较大，非挑选身强力壮的鸽子来拴才飞得起来，清宫造办处做的纸牌，纸质瓷实平滑，不容易毛边，韧而且轻。当年同仁堂乐家有位少东，也是养鸽子名家，曾经派鸽子把式专程到蓝靛厂请赵爷给做了两只七彩的哨子。送钱人家不收，最后鸽子哨老赵算是让乐家送了若干斤小米，到了三九天每天早晨在门口舍粥济贫，凭了自己这份手艺周济了不少苦哈哈，所以凡是到蓝靛厂的人，都知道赵爷是怎样一号人物。现在台湾也讲究养鸽子，据说有所谓赛鸽协会，列籍会员就两万多人，每年举行过五关大赛，赌资之高简直骇人听闻。今与昔比，逸兴俗雅那就不可同日而语了。

燕京大学在海甸建的新校，飞甍雕翠，重檐四垂，明堂辟雍，无不璇阶玉宇。大诗人王国维形容燕大夜景是玉柱凌烟，灵台照月，不但写实而且贴切，燕大的学生们手头比较阔绰而且欧化。甚至于贝公楼姊妹的校役，都能哼上几段洋歌呢！因此连带海甸市面也带点洋味儿起来，尤其到了隆冬十月未名湖结冰，溜冰场一开幕，冰镜清辉，莹澈似玉，男女交错，共舞同溜，矫若惊龙，飘若醉蝶，人新衣香，交织成趣。比起城里公园北海几处溜冰场的众声喧闹，品流庞杂，要高明多啦。

来到台湾几十年，只要是到海甸玩过的朋友，大家一提到海甸，都有一种离绪萦怀的心曲，闭目冥想，那种荷叶田田、花浪翻风的野趣，只好在寤寐中得之了。

令人怀念的北平东安市场

过去上海有三大公司：永安、先施、新新。香港有惠罗、永安。甚至于现在本省几个较大县市，也都有琳琅辉焕的百货公司，明珠翠羽，蜀锦轻丝，百货杂陈，可以称得上无丽不珍，有美皆备了。

可是有一层，是凡久住北平的人，对于北平东安市场，总有一种依依眷恋之情，永远不能去怀的。

东安市场在北平来说，可以算是最具规模、最有名的市场，其他如西单商场、劝业场、第一楼、宾宴华楼、中原公司等，都没法子跟它比拟的。

东安市场设在北平东城王府井大街，这块地方原是清代一处练兵场。辛丑年间（1901），政府为了整顿市容，奉慈禧皇太后懿旨，把东安门大街一带的摊商，都聚集在这个练兵场来，集中营业，这才有个最初的东安市场。

刚一开始，东安市场只有后来东安市场东北角一小块地方，是以原练兵场为中心，摊贩们在练兵场四周，搭起棚子来设摊营业，卖的都是一些简单粗制商品。后来渐渐有杂耍艺人加入，变戏法的、拉洋片的、说相声的、耍狗熊卖膏药的，甚至于唱小戏的，也都纷纷在场内租地皮做起生意来。当时规模虽然不大，可是当时的北平，除了东西庙会以外，并没有什么消遣场所，既然有这样一个市场，也就够吸引一般市民的了。

由于大家的需要，内务府有些善动脑筋的官员，邀集了几位有钱的太监共同投资，东安市场就这样一天比一天壮大起来。

扩建后的东安市场，一共有四个大门。正门设在王府井大街，后门设在金鱼胡同，前门左侧有一道中门，是场内商贩进出货物、装运搬卸用的，最往南一道门，叫“南花园大门”。一进正门左手，是市场总管理处，民国成立后，是由市公所社会局、公安局共同组成的。

正门马路中间，是一排固定摊贩，头一家是卖鲜花的，人都叫他“狗八”，他在丰台有一座大花园，内设苗圃温室，所以四时有不谢之花，花色极为齐全。别处买不到的鲜花，狗八那儿全有，尤其到了冬天，栀子、茉莉、白兰、玉兰、晚香玉、玉春捧，各种浓香冷艳的鲜花，每天都有新货送来，真是一进正门，就觉得温淳浥浥，袭人欲醉。

狗八的紧邻是卖小吃的隆盛发，他家油炸锅巴颜色乳黄，吃到嘴里又酥又脆，芝麻馅的鸡蛋卷，自己吃、当礼物送人都好。成匣的冰糖核桃，是糖葫芦中高级品。他还代卖保定府的鸡肠，烤熟了夹火烧吃，现在想起来还让人流口水呢！

紧跟着是一家卖蜜饯的，蜜饯山里红、海棠、温朴都不比前门外九龙斋差。尤其他家果子干，红果酸甜度恰好，每天一到下午三点，冰糖葫芦一出锅，小伙计一声“葫芦刚得呀”，整条正街都听得清清楚楚，也算是东安市场一绝。

正街两旁除了一家金店，其余几家都是卖男女便鞋、皮鞋的，据说有一家专卖绣花鞋的尺码最齐全，从六寸到三寸，尺码无一不全，有些住在西南城的大家闺秀，还特地赶到东安市场做绣花缎子鞋呢！

正在东安市场生意日趋蓬勃的时候，袁世凯因为不愿意南下就任大总统，唆使曹锟部队兵变，到处抢当铺、烧民宅，东安市场的丹桂商场，一夜之间，烧得精光。后来整条正街又重新修盖起来，上面全加盖铅板瓦顶，地面铺上花砖。人家说不烧不发，果然灾后重建，生意比以前更兴旺起来。

从金鱼胡同一进后门，迎面就是一个大水果摊，交梨火枣，红紫烂漫，柔香袭人。果子价钱，自然比一般果勺子价钱略高，可是细色异品，货色齐全，让他敲一次竹杠，也就算了。

左手把门一家馥和烟行，不但各国名牌香烟，就是吕宋雪茄，也是应有尽有。有一次顾少川任外交总长时，要买金马蹄、红马蹄、蓝马蹄雪茄烟送人，找遍了东交民巷几家大烟行，都没有货，结果馥和这几种牌子都有。他家不但卖香烟吕宋，而且代理三B跟敦赫尔牌烟斗，还卖打火机和用具，可以说，凡是与抽烟的物品有关者，他家是一概俱全。

再往里是一家镶假珠假宝的首饰店叫美丽华，虽然卖的都是假水钻，可是镶工特别新颖、别致，而且坚实，尤其做点翠的簪环头面更为拿手，所以梨园行四大名旦戏装上用的头面，十之八九都是在美丽华订制。

一转角是泰顺居饭馆，虽然他家只卖普通山东菜，可是他家做的褡裢火烧，馅子种类最多，油足味厚，颇受一般劳动人们的欣赏。

近邻东亚楼，门面虽然不十分壮丽，可是北平的广东饭馆，只此一家。他家做的粉果特别出名。因为大梁陈三姑有一年趁旅游之便，在东亚楼客串做过粉果，他家的粉果是用铝合的托盘蒸的，每盘六只，澄粉滑润雪白，从外面可以窥见馅的颜色，馅松皮薄，食不留滓，只有上海虹口憩虹庐差堪比拟，广州三大酒家都做不出这样的粉果呢！

东亚对门是东来顺，丁掌柜从推手车子卖爆羊肉起，能混到盖四层洋楼，柜上用到一百几十号人，自然有其经营之道。后柜有一间茶炉房，是一间大敞厅，屋里砌着洋灰桌椅，那里水饺卖六分钱十只，三分钱一大碗羊杂汤，确实造福了不少穷苦学生。有人说，丁掌柜跟他的少东永祥对待员工太不够厚道了。

市场正门右边，火灾之后，也翻盖四层高楼，取名森隆。楼下一层，开了家稻香村，卖的纯粹是苏杭南货，东伙都是苏杭人，除了卖五香黄鱼、素火腿、玫瑰瓜子、云片糕、定胜糕、苏糕、白糖梅子、去皮橄榄外，还卖扎蹄、卤鸭翅膀、咸鸭肫、切片熟火腿、家乡肉、整只金华火腿等，各种南货，无不一备，有时还能买到平湖糟蛋、宁波咸蟹、南翔黄泥螺一类特殊的食品。

二楼设中餐部，三楼是西餐部，四楼是素食处。有人说：京汉食堂、来今雨轩、撷英是中国式的西餐馆，森隆的西餐，简直就是中菜西吃了。所以东城各王府或贵族等，都是该处西餐部的常客。素食部的主厨，是香厂六味斋的主厨跳过去的，兰肴玉俎，尤为清绝，所以一到夏天，生意鼎盛，远超中西餐的客人呢！

由后门往东直走，就是吉祥茶园了，戏台因为是后盖的，台角两边没有抱柱，在当时除了第一舞台，它算是最时髦的园子了。园子里的总管叫汪侠公，他出身是涛贝勒府的皇粮庄头，能唱武生学杨小楼，《落马湖·酒楼》一段唱学杨，比名票果仲禹还神似的。有时为了给吉祥园宣传，也写点剧评稿子，都是应节的戏评，年年如此，照抄不误，剧评家景孤血、吴幻荪送了他一个外号叫“留声机”，可算谑而虐矣。汪侠公跟杨小楼、余叔岩是莫逆之交，跟四大名旦梅、尚、程、荀也都有深厚渊源，照梨园行的规矩，排一出新戏，必定先在喜庆堂会唱一次，才在戏园子里唱。小楼的《夜奔》《宁武关》，兰芳的《牢狱鸳鸯》《嫦娥奔月》，慧生的《埋香幻》，都是破例在吉祥园先唱的，那就是私人的交情了。

吉祥园东边有家饭馆叫润明楼，炸酱不出油、打卤不澥是他拿手，鸡丝拉皮削薄剁窨，鸡丝带皮，连东兴楼都自愧不如。

右首有一家南方小吃馆叫五芳斋（后改大鸿楼），生煎包子、蟹壳烧饼，他家是独家生意，楼上蟹粉面、雪笋肉丝面、熏鱼面、大肉面、脆鳝过桥面，清醇味正，松毛汤包，跟玉华里的淮安汤包又各不同。

润明楼前有一片空地，小吃摊鳞次栉比，水爆肚、炸灌肠、豆汁、黄米面炸糕、山西杠子头、河间府肉包子、肉片豆腐脑、苏造肉、羊双肠，真是甜咸酸辣，要什么有什么。

靠南边相声场子赵蔼如父子说相声有荤有素，总要逗得听众哈哈大笑，才问大家打钱；假人掼跤，孩子们看完一场还不想走；拉洋片的“带水箱”“杀子报”“刁刘氏”，乡民百看不厌；天气好沈三要中幡，常宝忠、宝三摔跤卖大力丸，一天也能赚个百儿八十的辛苦钱。

一进金鱼胡同，后门右首有一家中兴绒线店，除了卖绒线外，其他一切日用杂货美容用品也无不备，市场别家商号说，中兴再卖绸缎呢绒，可以改名绸缎庄了。说实在的，中兴的东家傅新斋确实明敏干练，所以他能服众。

东安市场有“四大贤”，是明明照相馆的张之达、森隆老板辛桂春、庆林春店东林筱泉和前面提到的傅新斋。他们四位经市场内商贩推举为市场公益组合会理事，凡是场内有关公益，或是有吵闹争论的事，只要他们四位一出面，多麻烦的事，没有摆不平的，所以背后又有人称之为“四大金刚”。

傅新斋除了原有绒线店外，又把楼上辟建了一家中兴茶楼，有些老先生市场逛累了，到中兴茶楼泡一壶好茶，找朋友杀盘棋，倒也深得闲中之趣。后来有一些大宅门的太太小姐们，在市场买了若干零碎东西，自己不好拿，就先存在柜上了，只要跟柜上交买卖，大包袱小笼还管您送到家。傅掌柜的有一位把兄弟，原本是哈尔滨中东铁路局西餐部大师傅，钱赚得够份儿了，想起了落叶归根，所以回到北平来养老。闲来没事，就到中兴茶楼坐坐。傅老板认为老把兄闲着也是闲着，何不找一点营生干干，于是中兴添上了卖咖喱鸡饭，鸡嫩汁浓，随之又添上了炸鳜鱼、煎牛扒、罗宋汤，简直成了罗宋大菜了。

遭遇火灾的丹桂商场重建之后，把丹桂茶园取消，又盖了一座畅观楼，一是正方形，一是长条形。畅观楼中庭大半是旧书摊，有线装古书，也有欧美原版散文、科技名著，此外还有各种陈年杂志和学报。当年林语堂先生就在这些书摊发现有不少珍贵杂志，后来都送给新加坡南洋大学图书馆了呢！

丹桂商场中间一条甬路，排满了古董摊，什么望远镜、放大镜、照相机、各种在仪器行买不到的新式仪器、光怪陆离的座钟挂表、奇奇怪怪的闷壳表、涂金错银的鼻烟壶、雕镂金饰的香烟盒、海泡石蜜蜡雕刻精细的烟斗烟嘴、各国古钱硬币等，您如果细心观赏，可能发现更多的荆鼎楚彝、通犀翠羽，可遇而不可求的物事呢！

斜对中兴茶楼，有一家专卖西点的葆荣斋，咖啡桃、气鼓、拿破仑派，虽然手艺人都是山东老乡，可是做出来的西点，松软不滞，甜度适中，不让法国面包房专美。

葆荣斋外面一个摊位，是卖香水的，除蚊驱秽，俪白妃青，味各不同，芳冽袭人，中人欲醉。

卖香的紧邻，是一家卖梳头篦子、骨头簪子、刨花刷子的，他是一位好话没好说的河北南宫人，逛市场的人，都知道他脾气戛古，都不敢招惹他，说不定他一天能跟顾客吵上三次五次架。恰巧他的芳邻是一位善于排难解纷的老道。提起这位老道，也是东安市场有名人物，他的卦棚取名“问心处”，老道长得硼中彪外，实大声洪，有人叫他“笑老道”，有人称他“活神仙”，他都坦然承受，大家就是问不出他的真实姓名来。他精于子平、卜卦，还通晓紫微斗数，礼金因人而定。每天当门而坐，桌上罗盘飞星，擦得锃光瓦亮，先不谈他算命准不准，就是他那套黄铜工具，足够唬人的了。

再过去是一个只卖豌豆黄、绿豆黄的老者，人都叫他“假太监”，据说他在清宫点心房当过差，一脸上人见喜的笑容，各府邸的人经过，他会请安打千，他的摊儿每天下午要到三点才摆出来，夹枣泥的豌豆黄，三四十盘子，一抢就光。他跟正街丰盛公奶茶铺，在市场里都是独家生意，他家除了奶饽饽，还有鸳鸯奶卷，最好是奶乌他。门框胡同那家奶茶铺酪是不错，可是吃奶乌他，只有丰盛公了。

市场横街有一家德昌照相馆，楼下仅容一人坐柜台，一转身就得上楼，楼上玻璃罩棚、大型摄影机，无一不全。别看他家楼下没有门面，可是楼上非常宽敞豁亮，大概东北城大、中、小学毕业照相同学录，十有八九都照顾德昌。

明明照相馆的张之达说，德昌做生意，真有一套，别家照相馆每天能有德昌十分之一生意，就够嚼谷啦！

往南花园去，还有一栋木造楼房，进门左右两边都是庆林春。一边卖福建漆盒，嫁女儿总要买两对添添妆，此外各种花茶，也不比东鸿记、张一元差。有些福州老乡，非喝庆林春茶叶不可。他家的双熏，因为福建茉莉花柔香，跟别家确有不同。右边柜台以卖肉松、红糟为主，各式的甜点心如光饼、到口酥、蜂糕生意也不错呢！

楼上有一家小食堂，光顾的都是男女大学生，八毛钱一客西餐，尽管放心大嚼，或者来一盘奶油栗子面或是叫杯冰咖啡，足够情侣们泡上半天的。

楼上坐北朝南有一排房子，有两家画炭画的，还有几家裱画店，其余就是各铺户的堆房了。

楼上紧邻楼口，是一家大耍货店，掌柜的白云生，自己能设计，还会动手，若干飞禽走兽的标本，都是他的杰作。门面虽然不大，可是屋里堆满各式各样大小玩具。据说他销到欧美的玩具，每年要换得两三百万美金外汇呢！

出了大楼，就是南花园了，有几家做绒花、鬓花的，每年过年之前，把做好的绒花拿到财神庙、白云观去卖，一年的开销在一个正月就能赚出来了。

南花园北墙根，有一位卖蝈蝈儿葫芦的老者，他每年夏末秋初卖蟋蟀、蝈蝈儿、金铃子一类草虫，他凭若干年的经验，蟋蟀、蝈蝈儿都能过冬。冬天他穿着老羊皮袄，向阳一坐，此时秋虫争鸣，非常好玩。他的蝈蝈儿葫芦，都是自己精心培育长成的，有方有圆，能大能小，在葫芦发育时，他用丝绳扎成各种形状，等葫芦固定后就成了。宫中有钱的太监，都是他固定主顾，等秋虫一上市，东北城各王府喜欢养蟋蟀的公子哥儿们，一买就是二三十头。为了让蟋蟀搏斗，一定要“生口”，没有下过圈的。有一年，余叔岩在安徽花园挖到一只银头大将军，几次下圈，已经给余老板赢了近千包茶叶；红豆馆主的令兄溥伦买了一只毫不起眼的蟋蟀，结果两虫一对阵，咬了四五嘴，银头大将军就有怯意，两者一翻身，竟把大将军咬得落了胯。从此，葫芦赵的声名大噪，凡是玩秋虫的，只要蛐蛐儿一上市，总要到市场南花园踅摸踅摸，“葫芦赵”反而成了东安市场一宝啦！

南花园还有一怪，是花儿匠陈笔，在园子正中，搭了一座花棚子，棚子里也没有什么上等鲜花，可是他有一桩不为人知的特长，就是擅做盆景。他在德胜门里积水潭有一片大花圃，里头养了有四五百盆大小盆景，其中有两人合拉不过来的古木枝丫，也有飞瀑流泉的水盘。当年他曾经给朗贝勒府毓朗做过盆景，一座万木千岩，一座太液春寒，代价是八千块大洋，在当时这个价码，是足以让人咋舌的了。

花园东边有一排二层楼的集贤球房，窗宽室明，长廊高拱，楼下打地球（现在叫保龄球），共有六条球道，在当时算是最大的球房了。楼上打台球，有二十几架球台，欧式美式球台全有，记分员都是女性。如果您去打球，没有球伴，她们也可以陪您打两盘；如果是熟人，还可以把记分员带出去玩玩，照规矩要把两支球杆，交叉式放在球台上，带出多久，照钟点计费。当年宾宴华楼球房有一位记分员，大家都叫她“龟头”，不但球艺超群，而且逴跞多姿，善伺人意。后来他们两家因为争夺龟头，几乎闹出人命，幸亏她被某督军的公子量珠载去，才结束了这桩公案。

东安市场还有一个特点，是有两家清唱的票房，设在正街楼上的叫舫兴，南花园的叫德昌。舫兴把儿头黄锡五，早年给刘鸿升戏班里充硬里子老生，会的玩意儿还真多，可惜口齿不太清楚。自刘鸿升去世，他无班可搭，因为人极四海，所以伶票两界认识熟人很多。德昌茶楼是由曹小凤主持，曹原本是相公堂子出身，跟老一辈伶工吴彩霞、芙蓉草、裘桂仙都是好朋友，唱青衣有工半调实力，他跟尹小峰、于景枚一出《二进宫》，彼此对啃，能卖满堂。协和医院有一个票房，青衣杨文雏、赵剑禅，须生陶畏初、管绍华，老旦陶善庭，花脸张稔年、费简侯，小丑张泽圃都不时到德昌，加上奚啸伯也时常去捧场，几乎天天客满，到了星期天，名票来得多，居然有人泡一壶茶，在窗外头站着听的。

舫兴那边以陶默庵、杨小云为台柱，再加上邢君明、关丽卿、李香匀、臧岚光、孟广亨、关醉蝉、胡井伯、柏艳冰等老少名票轮流捧场，每天上座，也是满坑满谷。陶默庵一出《凤还巢》、一出《宇宙锋》是她的绝活儿，有一次梅畹华在森隆吃晚饭，听了陶默庵几句慢板，认为她嗓音清脆能够及远，水音特佳，是个可造之才，可惜身量嫌矮了一点，影响扮相，没有大红大紫。每逢舫兴、德昌两家一唱对台好戏，连吉祥戏院也会受到影响，除了杨小楼、马连良几位超级名角外，如王玉蓉、新艳秋一类坤角，都怕舫兴、德昌两家彼此卯上，影响园子上座。

我的朋友王献达大学毕业论文，教授指定他写东安市场，后来他那篇论文还译成英文、法文在普度大学、巴黎大学发表。当他写论文时节，知道我对东安市场事物比较熟悉，约我帮他采访，所以事隔五十多年，我对东安市场始终留有深刻印象。

现在北平一切都变了，听最近回过大陆的人说，东安市场这个名字，前几年已被取消，改名东风市场，建筑也都改成一块一块的小屋子，从前好吃好喝、好瞧好玩的物事，也都荡然无存。要不是我脑子里，还存留有若干印象，将来找一位说天宝遗事的白头宫女，恐怕还没有呢！

三百年的老中药铺：西鹤年堂、同仁堂

早在北伐成功南北统一的时候，北平协和医院的医疗技术高明，机械新颖，在东南亚已经首屈一指，也可以说在国际间也堪称声华卓著的了。不过北平是由元到清历代帝都，所在地人民习于崇古笃旧，虽然全国各省市遇有疑难重症的病人，纷纷到北平协和医院请求检查救治，可是当时北平形成新旧合参、中西并进的状况。列为誉满平津的四大名医施今墨、萧龙友、孔伯华、杨浩如，每天从早到午门诊简直看不完，下午出马，甚至忙到午夜还没吃晚饭呢！

中医整天忙个不停，北平城里城外一百

几十家中药铺家家自然也就生意兴隆，财源滚滚而来了，就是最不景气年月，也没听说哪家中药铺停止营业关门大吉的。有一位业中人说："中药里所用原材料都是用上百斤的大秤买进，再用小戥子论钱算分卖出，如果规规矩矩安分守己做生意而不赚钱，那简直是太没有天理啦。"如果细细琢磨这位先生所说的几句话，确实颇有道理。

北平每条大街上都是中药铺，把它们分析起来，大致可分为三类，一种是祖传秘方，专治某种病的特效药。例如庄氏独角莲膏药，专治无名肿毒，拔毒化脓，去腐生肌。马应龙眼药，专治风眼火眼，虹膜生翳，虹彩内障，迎风流泪。回春堂八宝牛黄镇惊散，专治小儿急慢惊风，口眼歪斜，四肢抽搐……这些祖传秘方的药铺所在多有，一时也说之不完，数之不尽。（当年北平有名的西医首善医院的院长方石珊说过，他从海外学成回国，挂牌行医，对于那些中医秘方特效药，虽不鄙视，但内心总不相信有什么绝大效果。有一次一个到他医院求治的幼童，已经昏迷抽搐不停，他认为送医太迟已经无可挽救，人家只好死马当活马医，回家去立刻灌下重量小儿镇惊散，居然止搐复苏，救回一条小命。另一位患痔漏病人，胆小晕针又怕开刀痛苦，始终挨蹭不敢开刀，结果，人传秘方大量擦敷马应龙眼药，痔核果然无痛脱落。那些不可思议的中药真令人不能不由衷佩服）一种是按照医生处方专门给人配汤药饮片的。（从前曹锟任大总统时，总统府正医官曹元参给人看病处方，喜欢用植物鲜叶，如鲜枇杷叶、鲜石斛叶等，一般药铺平素根本就没有预备，就是有也无法大量供应。只有东四牌楼有一家万春堂药铺，人家说是曹元参的御用药铺，有用盆栽，有用畦培，在后院开辟一座药圃，专门栽植种中药所需药类植物。）一种是以丸散膏丹为主，兼配饮片的药铺。这类药铺在北平占绝大多数，可是论历史最悠久，信用最可靠，要数西鹤年堂跟同仁堂啦。

据北平药业公会会董郭万年说：“北平最古老的药铺要数西鹤年堂跟琪卉堂了，西鹤年堂的招牌，是严分宜（嵩）写的，琪卉堂的招牌是海汝贤（瑞）写的。一个是嘉靖年间，一个是正德年间，彼此相去不远。可是严分宜父子恶名早著，因为戏剧渲染妇孺咸知，而海汝贤的直言切谏似乎尚未殚竭忠悃，为人乐道，所以海大人给琪卉堂写的牌匾才没有引起人们的注意呢！”

西鹤年堂开设在宣武门外菜市口，五间门脸，窗牖敷金，檐槛藻丽，气派辉煌，一字长柜台，漆得乌黑闪亮。奇怪的是西首台面，有五寸大小一块木头，经过多少次的油漆，始终隐现血痕。据说是清代有名打家劫舍的枭匪康小八，被官府缉获后，绑赴菜市口（清朝菜市口是处决犯人的刑场）凌迟处死。刽子手一开膛看见康小八的心房比常人大近一倍，一刀割下，就含在口内，等行刑完毕，就直奔西鹤年堂了。到柜台一张嘴，就把含在嘴里的人心，吐在柜台上了。结果这颗特大号人心，由西鹤年堂用高价收买了，所以柜台上有块血迹，不但擦洗不掉，就是髹漆刷色，依旧血斑宛然。凡是知道这桩事的人，到西鹤年堂抓药，总要瞧瞧那块残迹。严嵩素以书法出名，在北平给人写的市招很多，其中以给六必居酱园写的一块，跟西鹤年堂一块最为出名。所以有些风雅之士，到西鹤年堂看严分宜书法的，听人传说也就看到柜台上的血斑了。

光绪年间戊戌六君子就是在菜市口行刑处决的，据说管理出红差的衙役们，想讹诈西鹤年堂几两银子。西鹤年堂不买账，愣愣不理睬，结果那班衙役一使坏，把个监斩官的公案，就设在西鹤年堂平台石阶上了。六君子依序唱名标斩之后，北平市井就有个无稽传说，说西鹤年堂午夜不时有鬼敲门来买刀伤药，所以天一擦黑，有些胆小的人，宁可多走点路到别家药铺抓药，也不愿意光顾西鹤年堂去了。

四大名医中的施今墨、孔伯华，对于处方所用饮片非常认真，因为西鹤年堂药材地道，炮制认真，他们都指定病家到西鹤年堂抓药。可是他们每天应完门诊，出马很迟，加上病家又多，往往弄得三更半夜才姗姗而来，又怕病家不依他的话到西鹤年堂去抓药，他们所用药引子不是加上一味什么散，就是什么丹，都是西鹤年堂独有的丹丸。所以有些病家的用人，一听说主人家有病，请施孔两位大名医来看病，一个个都愁眉苦脸，就是怕要摸黑到西鹤年堂去抓药，心里总有点毛毛咕咕不踏实。不过西鹤年堂的饮片，比别家的药，确实精细高明有独到之处，是不容否认的呢！

谈到同仁堂乐家，据乐咏西说：“我家原籍浙江宁波府慈水镇，在明朝永乐年间，就来到北平了。远祖是位摇串铃的走方郎中，因为脉理精邃，数传到了清朝初年。有位名叫乐尊育的在太医院掌管药库，因为交往的都是药业的行商店号。到了康熙初年，他的少君乐梧岗，敏而好学应了几次乡试，都是榜上无名，于是息了做官的念头，在前门外大栅栏，正对门框胡同，开了一家同仁堂中药店。虽然是三间门脸颇够气派，因为地势低凹变成倒下台阶，显得有欠堂皇了。老年间大家都不懂得什么叫空气污染环境卫生，同时大栅栏商店鳞次栉比，十家倒有八家没有厕所，于是各铺眼儿掌柜徒弟清晨起来遛早，同仁堂门口变成最佳的方便处所。你走过来方便一下，我走过去小解一番，开张不久的同仁堂门口就变成尿骚窝子了。乐掌柜的凡事不与人争，虽然坚此百忍，可是门堂之间骚气烘烘的，实在对买卖有绝大影响，打算把门堂垫高，豁亮通风，也就不至于引来方便大众了。于是请了一位堪舆先生来摆摆罗盘，看看风水，哪知堪舆先生一看之下，认定同仁堂正坐在财源辐辏百鸟朝阳的旺地，气脉长达两三百年，要是一垫高地基就破坏龙脉了。”所以同仁堂从康熙到民国两百多年，始终是倒下台阶的门面。

乐家在北平世代绵延共分四房，丁口繁夥。老宅在宣南新开路，自从清廷倡导格物致知，设立同文馆后，乐家思想维新子弟中如有可造之材，都进馆念洋书。庚子拳民乱起，打着“扶清灭洋”口号，把崇尚新学的人，都目为二毛子，捉着就砍头。乐家收藏着不少原版西书，恐其招灾惹祸，悉数掷到炼药炉里焚毁化为灰烬。后来他家青年男女都送到法德两国去留学，在巴黎、柏林都置有别墅等，是乐家子弟海外求学的寄宿舍。他们家规甚严，学业有成，必须回国工作，如果贪慕海外繁华，楚材晋用，一律在宗祠除名。所以乐家子弟，虽然络绎不绝去海外，可是久滞不归，或是改换国籍的，实在是凤毛麟角少而又少。

乐达仁在乐家后代中是一位杰出人才，不但干练敏实，而且思虑恂远。乐家有一项家规，同仁堂业务经营由四个房头，轮流管理，期限一年。如果有人自立门户谋求向外发展，亦为法所不禁一切听办。不过一律不准使用同仁堂字号全名，只准使用“仁”字，外加“乐家老铺”四个字，对外显示是乐家子孙开的药铺，对内各房有各房的堂号彼此有个区别。于是平津沪汉以暨全国通都大邑，什么宏仁堂、乐仁堂、达仁堂、乐寿堂等，凡是带“乐”字，或是“仁”字的中药铺，大概都是乐家子孙在外所开的买卖。乐达仁学成回国，先在北平开了一座达仁堂，虽然他对于西学博解宏拔，可是自觉中药方面，一知半解，技未专攻，每天准时到柜上去，跟那些叼着旱烟袋的制药先生们从《雷公药性赋》《本草纲要》，祖传秘方炮制熬炼，扩及采办经营。他这样孜孜汲汲黾勉经营，不几年平津沪汉都开了分号，俨然是乐家老铺最杰出的一家分店了。

乐达仁对于他家的家世，知道得最清楚，先世创业不知经过多少颠蹶挤厄，艰辛挣扎，才混到现在局面。他说：远在康熙年间，他家的丸散膏丹，已相当有名。有一年夏天，康熙到大红门行围射猎，突然中暑，吐泻不止眼看虚脱。太医院的御医，用重药，恐怕御体受不住，药太轻，又治不了骤然而来的急症。正在群医束手，有位皇帝近侍太监张一清，跟乐家素有往还，献议试用同仁堂的暑药，可能有效。众医认可服用之后，果真霍然而愈，从此“同仁堂”三个字深印康熙脑海，颇得皇帝的信任。有一位皇子不幸染患赤痢，服了太医院御医门的处方下痢依然，最后试服同仁堂的“太乙紫金锭”，居然药到病除。从此内廷寿药房跟同仁堂要了一份同仁堂丹方抄本，如法炮制，以应内廷需用（按：清宫万应锭俗称“金老鼠屎”，主要原料系古墨跟一捻金，功能祛心火清内热。太乙紫金锭，治红白痢疾无名肿毒都有效，寿药房精研细制的紫金锭是做成双鱼、吉盘、如意、福寿字、八仙人种种形态，装在荷包里赏赐臣下，叫“暑药荷包”，原方都抄自同仁堂丹方秘本）。

皇上一信服同仁堂的成药，那比什么宣传效果都好，加上乐家人会动脑筋，打通内务府门路奏奉核准，凡是晋京参加会试的举人老爷，无论中式与否，一律钦赐同仁堂出品的太乙紫金锭一盒。暑天行路，眠食失常，有个发痧中暑，紫金锭其效如神。加上恩出自上皇家珍赏，少不得每位举子都要到同仁堂买些成药带回乡去赠送亲友，炫耀一番。这种非广告的宣传，把个同仁堂大名声名远播，举国皆知了。同仁堂在盛名之下，对于药料的选材越发特别注意精益求精，一般药料，每年春三月冬十月是药材大市，柜上都要选派有经验的得力干员，到全国药材集散地，保定府所属的祁州药王庙精选趸购。药王庙的药市要等同仁堂的专人进场才能议价开秤，他们只求货色好，不怕货价高，又是大批趸购，在药市形成举足轻重的大主顾。后来又承包御药房各种御用药品，更显得声名赫赫，助长他们在商战中的威势。有些贵重药材，如老山人参，得去吉林长白一带直接购买，鹿茸则去营口坐庄收购，如果数量不足甚至远去海参崴、西伯利亚补充足数呢！麝香虽然产地是青海西藏，可是上等麝香，都归河南杜盛兴包办，凡是经过杜盛兴加工的麝香都盖上杜字戳记，售价要比一般货色高出两成。同仁堂入药麝香，一律用杜字麝香，所以同仁堂每年总要派人到河南杜家买一大批回来。同仁堂所制成药需用冰片的地方也很多，极品冰片是龙脑树上胶脂提炼而成，叫梅花龙脑。我们闽粤两省虽有生产，可是数量有限，每年要派人远去婆罗洲、苏门答腊选购。有人说中药的精选加料，价钱加倍，都是骗人的把戏。要是看过同仁堂制药调配过程，就知道一分钱一分货，加料精选的钱，不是白花的了。

同仁堂的作坊，后来改称制药场，一直设在新开路住宅东院，房廊众多，容纳管理操作人员两三百人尚绰绰有余。丸散膏丹，分门别类，各有职司；配药酒、研粉剂、熬膏药、吊蜡丸，各司其职；都科学管理，按部就班，井井有条。有些秘方成药，为了保密，还要送到内宅，由指定内眷负责增减调配。至于极机密的丹方用药，则由负责店东亲自动手啦。

同仁堂是四房公产，营利所得除提若干成公积外，其余按四股均分，原料、半成品、成品各有专门库房，库房钥匙也是四房各有一份，药品出库入库，要四房到齐，才能办理，以资信守。当年每天营业收入以铜元居多，每天结算下来，按股分送各房。故友濮伯欣次女于归乐家，每天住所堆满若干钱板铜元，要等第二天才能送往银行钱庄入账。成捆的铜元放在屋里，自然有一种铜臭味，我们常跟她开玩笑，说她看见钱反而发愁。现在多大交易，一律用支票钞票流通，想起来当年用银洋铜板情形，真令人有不胜今昔之感了。

北平古老店铺虽然不懂得什么包装设计，美化包装，可是他们也各有不同的包装，虽不华美，可也款式古朴。例如茶叶店每一小包，不用秤戥，每包分量不差毫厘，无论几包到百把包，尽管大小不同，可是方方正正，整齐划一。听说在茶叶店学徒，学包茶还是一门重要课程呢！只要能上柜台给顾客包茶叶，就差不离就要谢师拿全份工钱啦。

药铺给顾客抓药，比茶叶铺包茶叶的道行还要高超。因为茶叶每包分量相等，自然包装比较容易。药材可大不相同啦，不单要每包药材分量有按分的，有论两的，而且体积大小不一，松弛也有相当差异。每一服药，都要码成上尖下方砌成金字塔形，还得见棱见角。从来到药铺抓药，没听说一剂药，是在半路散落满地皆是药包的。后来同仁堂革新包装设计，把每堆药都分类另印说明书，注明植物科属，制药所采用部位，及医疗功效禁忌。每一味药都附有一份说明，不但便于病家查考，再经过一次查对，当然更不容易出舛错。仔细实惠，颇见高明，各药店看见同仁堂抓药附方单，于是相率仿效，后来反而蔚为成规了。

在民国初年，当第一次欧战爆发之前，日本乘国际局势分崩离析，扰乱不安的时候，对我们中国威胁利诱，无所不用其极，因此形成举国上下，都有仇日抵制日货的心理，所以日本药在中国的销路，一落千丈。中国人对于德国货一向有真实可靠的印象，于是德国的拜耳厂就乘隙蹈暇，来到中国想跟同仁堂商量合作。以同仁堂在社会上的威望信用，加上德国拜耳科学制药机械，精确革新配方，益以企业管理，佐以雄厚资金，前途自然大有可为。乐达仁曾留学德法，识见宏邈，研几杜微，是乐家后代中卓荦杰出人物。可是当时拜耳厂派来的全权代表，坚持使用拜耳药厂的商标，厂要设在青岛，乐家则认为同仁堂有两三百年历史，在社会上各阶层已经有了深厚信誉良好基础，一旦放弃同仁堂牌号不但颜面攸关，改用拜耳商标，在销路方面，是否有绝对把握，尚未敢必。为求稳扎稳打仍以使用同仁堂名义比较稳妥当，况且青岛在战之前，德国以兵力侵占胶州湾，青岛地区完全在德国人控制之下，反宾为主，对我们可能有若干不利之处。乐氏家族一律主张厂设天津，几次研商，都无进展。乐达仁虽在乐氏家族中是位决疑定难人物，可是兹事体大，各房意见既然众谋咸同，中德合作之议只有作罢。

去岁在香港，听说在北平三百多年老店京都同仁堂，已改为国营。也听说台北开封街有一家同仁堂是当年南京同仁堂，从大陆迁到台湾来的。如果是一脉传统，希望乐家的祖传丸散膏丹秘方幸获保全，没有散失，将来老树着花，或能再放异彩发扬光大。

北平琉璃厂的南纸店笔墨庄

北平是咱们中国文化古都，每条大街都能找得到南纸店，可是如果您打算买点儿高级笔墨纸张，那您就得跑趟琉璃厂，准保能称心合意，满载而归。

在前清科举时代，所有进京赶考的举子，没有哪一位没去过琉璃厂的。这条街除了书局子就是南纸笔墨庄，再不就是这个阁、那个斋，还有什么山房等店名典雅的古玩铺。南纸店虽然是一家挨着一家，可是人家各做各的买卖，谁也不抢谁的行。譬如拿厂西门靠着有正书局的清秘阁南纸店来吧，他家是以打朱丝格子最拿手。从前不管是四条或八条屏幅，讲究先打出朱丝格子来写，白纸嵌朱丝，不但大方显眼，而且间隔整齐划一。有的人不管写几言对联，都喜欢打朱丝格子，甚至于上下行款也打出来。想当年旧王孙溥心畬是书家兼画家，有时自己一高兴，写对联先把写字的地方，用浅绛、浅碧，画成云龙、汉瓦、螭藻等各式各样的图案，然后再写字的。如果您是位书法名家，工于书而拙于画，这个工作就可以找清秘阁来画啦。您怎么说，他就能怎么画，包您称心满意。因为清秘阁有一位师傅，是大内如意馆出身，所以清秘阁这手绝活儿，在北平来说，哪一家南纸店也没法子跟它比的。

跟清秘阁正对面是淳菁阁，这家南纸店开得比较晚，大约是民国十一二年才开张的。因为东家头脑新颖，所以做生意的手法，也显着火爆，与众不同，而且能够迎合当时的新潮派的需要。像林风眠、王梦石、汤定之、陈半丁等人，都跟他家交买卖，于是研究出来古法翻新，仿宋染色笺。他们用黄檗、胭脂、栀子、赤芍各种有色药料捶碎熬汁，分别拖染，制出来的信纸诗笺，不但古朴素雅，而且淡重发墨，书画家彼此函札往还，有一个时期大家都用淳菁阁的仿宋色笺。

他家跟姚茫父、陈师曾渊源很深。陈师曾又把染纸加矾古法传给他，于是他家的诗笺，可以蘸墨水写了。其时姚茫父、陈师曾、齐白石的字画，都是日本人最仰慕的，记得白石老人有一幅抬头见喜的工笔画，是桌上一具蜡烛台，烛光煜煜，由上方垂下一缕细丝，系着一只赤红蜘蛛。由淳菁阁制成如矾诗笺，每匣五十张，一下子不知销了多少匣到日本去。后来日本文化人到北平观光访问，差不多都要到琉璃厂淳菁阁买几匣加矾诗笺，带回日本送人，才算得上是风雅之士。

中华书局的紧邻就是松古斋，柜台之前特别宽敞，据说那是乾嘉年间南纸店的格局。同时乾嘉名人笔记里，也有提到松古斋的，可见在那个时候，就有松古斋了。松古斋虽然不是装池裱画店，可是他家对于挖裱字画特别拿手。翁瓶斋日记里就说过，他收藏有国初四大名家书画团折扇十二把，打算挖裱成四条屏幅悬挂，可是又怕挖裱得不够精细，把扇面给裱坏了。后来还是听德珍斋古玩铺东家的，特别把松古斋挖裱的字画送给翁老过目，认为满意，才把扇面交松古斋去裱。从此翁瓶斋所有字画都交给松古斋去装池，日记里对松古斋还大捧而特捧呢。要说南纸店承应苏裱名人字画，十之八九都是过手交行买卖，手艺再好，还能盖得过好的装池店吗？后来北平有位画家胡佩蘅发现松古斋老东家有一赘婿，是苏州装裱字画一等一的高手，人家后柜有榆木加漆大裱画台，一代传一代，一点也不含糊，是真正上等苏裱，所以在北平真正玩字画的人要真正苏裱，一定找松古斋。

松古斋除了代裱字画外，还代卖《玉堂

楷则》。现在提《玉堂楷则》恐怕没什么人知道了。可是当年没废科举时代，读书人为了应付朝考要写大卷子，所以从小进书房一开始练小楷，就要用加厚宣纸写白折子，既不写《灵飞经》，也不写“卫夫人”，一定要到松古斋买一册《玉堂楷则》来临摹。《玉堂楷则》里头的小楷，全是清代各科会试三鼎甲的法书，像王仁堪、洪钧、曹鸿勋、陆润庠、冯文蔚、潘祖荫等人的书法，一个个都是工整端正，足为写工楷的楷模。不知松古斋是什么地方搜集来的，也按科分先后，鼎甲名次，精工石刻，装帙成册，每本足银一两。不但京城里读书人家要买一本给子弟们临摹，就是直鲁豫各县书香门第人家，要是进京了也得买几本带回去，自己用或者送人。谁知道代卖《玉堂楷则》还真给松古斋挣了不少银子呢。

琉璃厂中间最出名的南纸店，那就属荣宝斋啦。他家限于地势，门脸儿并不怎么富丽堂皇，柜台前头，尤其仄逼。可是人家柜房后头，有小屋双楹辟为雅室，院内花木扶疏，室内文玩满架。名公巨卿，骚人墨客，凡是经过琉璃厂的，都要到琉璃厂的荣宝斋歇歇腿儿喝碗水。人家柜上不但烟茶伺候得特别周到，就是出来招呼陪客的掌柜或伙计，也都各有一套，能把主顾应付得宾至如归，皆大欢喜。因此荣宝斋的交往，比哪一家南纸店都宽，所以在他家挂笔单的，也特别多，不但前清三鼎甲都在荣宝斋有笔单，就是宣统几位师傅，如陈宝琛、朱益藩、梁鼎芬，也跟荣宝斋各有各的交情。

想当年要找八位或十六位太史公写一堂屏条或是集锦折扇，如果找不对门路，您就花多少钱，也凑不齐。可是您只要找荣宝斋托他家去烦，准保如响斯应，约期取件，包不误事。在平时各位太史公，都有写好裱好的大小对联，临空挂在荣宝斋的客房，而且每位都定有墨润，如果您看中哪一副，店里还管代求上款。只要哪一位太史公一旦驾往西方极乐世界，马上就有人到荣宝斋搜购遗墨，不几天这位故去太史公的法绘墨宝，必定涨价，那可准极啦。

不是淳菁阁有仿宋色笺、加矾诗笺吗？樊樊山、罗瘿公、李宣倜、林开謇，这班名士，不知道是谁，找出一套梅花喜神谱，套印起来，当笺纸用。不但古色古香，而且滑润着墨，大家书翰往来，一窝蜂似的，大家又全部改用梅花喜神笺，成了当时文化界的一种习尚。

后来有几位专攻仕女的画家，把《红楼梦》全部人物，找精彩的回目，一共画了一百二十张，每张都用《西厢记》里词句题词，例如贾太君华堂开夜宴，题“积世老婆婆栊翠庵走火入魔”，妙玉被强盗背着越墙而逃，题“嗨，怎不回过脸儿来”。不但合情合景，而且有不少神来之笔。跟张善画虎，用《西厢》题画，同样妙绝。

可是谁买了这套诗笺，全是欣赏爱玩，舍不得拿来写字当信纸用。后来各地风雅之士，也到北平来搜购，这种诗笺跟故宫影印的故宫珍藏钟铭鼎彝、文玩字画的日历，在民国二十四五年的时候，都成了古玩摊上的古董啦。

广东门有一家南纸店叫荣录堂，有三间门脸，非常开阔，门面虽然错金藻饰，可是斑驳脱落，显得没精打采似的。门口右方还挂着一方小木牌词句，现在已经背不出来了，大意是“历代缙绅，奉准由本堂刻印，各家不得仿刻”字样。现在跟年轻朋友谈到缙绅，十有八九不知道缙绅是什么，说白了缙绅就是清代全国官员代表出身经历的职员录，这个职员录可比现在职员录记载得详细，甚至于府道州县之下，还注明紧、要、冲，表示这个缺是繁是简，要冲不要冲。一年出一本，编印缙绅，好像是属于荣录堂的特权专利，从来也没见过别家编印的。

荣录堂后柜有八九间货仓，里头存的都是刻缙绅的木板，据说从顺治三年（1646）到宣统三年（1911）一律保存得完整无缺。这个买卖是山西祁县刘家开的。到了民国十六七年掌柜的叫刘乐山，不但是饱学之士，而且鉴赏纸张，另有独到之处。有一年春节进厂甸，笔者在地摊儿上看见有一卷宣纸，外头一张已经泛黄，一共十二张，里头十一张全都完整如新，既未认色，也没毛边，纸质细润澄白，所差者就是尺寸不对，三尺见方，写字作画，都不合适。因为纸的料子好，所以花了八毛五分钱，把十二张全买下来。经过荣录堂的时候就进去歇歇腿儿，把纸打开请刘乐老给把合把合。哪知道刚一打纸卷，刘老就说您买到乾隆纸了。据他说一闻纸香就知道是乾隆纸，因为卷而未用，没有经过风吹雨洒的乾隆纸，总有一种说不出来的纸香。他把整张纸在日光底下一照，正中间有一尺大小水印暗纹。团龙围绕着一个三字，在八卦里是乾卦。纸里所嵌水印，更说明了是乾隆纸一点也没错。后来上海德古斋古玩铺开业，笔者送了四张乾隆纸做贺礼。开张当天就被识货的吴湖帆，以四百元代价一齐买去。在德古斋来说是做了一号露脸的买卖，在笔者来说，送了一份儿大人情。谁又知道纸的来价，只有几分钱一张呢。

在民国十六七年，北平市面上忽然出现若干细密洒金五色粉笺，印金五色花笺，磁青纸，观音纸，江西铅山的榜纸、临川的大笺纸，浙江常山的奏本纸，绍兴的蜡笺、黄笺、花笺、罗纹笺，甚至于宋代澄心堂纸，龙须纸，都有人送到门上来托售。笔者凡是碰到这类古代名纸，一律都送请刘乐老加以鉴定后，每种都收藏了一些。可惜全没带到台湾来，否则这些纸留到现在，那岂不都成旷代瑰宝了吗！

北平的笔墨庄也都集中琉璃厂一带。虽然说的湖笔徽墨，可是都是湖笔庄代卖墨，真正专门卖墨的墨庄，至少在北平来说，还真少见呢。先说胡开文吧，他家写小字的笔毫最好，从七紫三羊来说，一种是普通的，杆细毫短，价钱自然公道。还有特选的，杆粗毫长，一般写白折子练小楷，就都可以用了。另外有一种精选七紫三羊，在白面卖一块八毛钱一袋儿的时候，一枝精选的七紫三羊就要卖到一块五六。还有八紫二分羊、九紫一分羊，紫毫越多，价码也越高，一枝长锋纯紫毫，在当时大约是合两袋洋面。笔好当然笔管也跟着讲究起来，像什么金管、银管、斑竹管、湘妃竹管、象牙管、玳瑁管、玻璃管、镂金管、绿沉漆管、雕红管、棕竹管、紫檀管、花梨管、虬角管、琢玉管，王公巨卿，书香门第，什么样笔管都有，真是让人目迷五色。可是实在说起来，还是白竹薄标（光滑细致的意思，薄标是行话）最能挥洒自如，得用笔之妙。

先伯祖石襄公在湖州府任上，训练一个

书童胡三元研究制笔，把选制湖笔的诀窍，都学全啦，而且特精，在湖州一般笔工都尊为高手。后来先伯祖卸任回京，胡三元也跟着到北平给先伯祖制笔兼司笔札。等先伯祖去世，胡开文笔庄马上重金礼聘他去做大拿，大拿说新名词，就是高等顾问。笔者字虽然写不好，可是当年在北平，选笔还顶严格。有一次在胡开文选定几枝紫毫，打算让胡开文刻上我自己认为很得意七律里一句“闲愁不为花落深”诗句，恰巧胡三元老叔在柜上闲坐，一看我知道选笔刻字，特别高兴说：“你既然懂得选笔，我就卖卖老精神吧。”立刻一挽袖子，拿起刻刀，几下子就把这句诗刻好抹了红，还刻上边款是“胡三元为闲愁主人选制”，边款加蓝。胡老又拿出两枝旧藏长锋羊毫对笔，上刻“大富贵亦寿考吴兴守者精选特制”几个字，他说这是先伯祖过五十大寿他一共选制了二十枝，现在只剩下两枝，就送给我吧。后来笔者发觉这枝笔笔锋软熟，极易挥洒，不但便于取势，而且回锋转折之间，也不致棱角毕露，写出来的字，尤其淡逸纯和、圆润自由、毫无火气，的确够得上神品两个字。

胡老说制笔方法，以尖、齐、圆、健为四大要素，笔之所贵者在毫，毫坚则尖。用青羊毛、丰狐毛、鼠须、虎毛、牛毛、麝毛、羊须、猪鬃、狸毛，甚至胎发都可以制笔，然而都不如兔毛。可是兔子讲究是崇山绝壑里的最好，这种兔子特别肥硕，毫长而锐，秋毫取其健，冬毫取其坚，春夏兔毫，则属于普通兔毫，不能列入极品了。若是这一年中秋不见月，则山兔不孕，这种兔毫少而坚健，在选毫方面算是珍品。要是胡老不说，我们真想不到做毛笔，还有这么多讲究呢。

琉璃厂还有一家笔庄叫李文田，门口儿有个哑巴院儿，好像是做庄的买卖，他家是以写大字的抓笔出名，笔越大越好。北平有一位大书家，以给人家写匾额最负盛名的华世奎，就非用李文田的笔不可，说是用李文田的笔写榜书，清遒生动，真趣自然。从前画家金拱北作画也爱李文田的画笔，白描画用他家的中管鼠心毫，运动省力，点画无失。经他这么一说，不但湖社弟子如惠柘湖、何雪湖等人相率效尤，就连溥雪斋、马伯逸、徐燕荪这些北平名画家也都觉得李文田的笔，诚然有天机偶发、落笔自如的意境。

藏园老人傅沅叔有一次告诉笔者说：“写字作画，一定要笔墨纸张相配合。有些人说用恶劣墨也可以写出好字画来，那真是欺人之谈。不过旧墨越来越难得，新墨越做越离谱，将来总有一天连嫁娶送新郎倌文房四宝的礼墨都有成了古董呢。故宫博物院在神武门标卖一批清宫内库房发现霉变、破碎、虫蚀、鼠咬的废品，其中有一项是变质颜料跟碎墨，都被李文田整批标买去了。名为碎墨，其实有若干是非常完整的，其中还有圈书用的朱绿黄蓝紫绛墨锭，都是清代帝王御用之品，更是名贵异常。”笔者闻听之后，特地到李文田处选了一些收藏。现在想想这些东西，有钱也没处去买啦。

贺莲青也是北平有名笔墨庄。他家的笔不但选毫精细，所用笔管选材也特别严格。您买他家的上品的好笔来用，如果锋芒脱落、笔肚松散，可以把原笔拿到店里重新选扎，只按原价七折收费。到他家买笔，如果真是一位主顾，他会告诉您一套笔的保养法，他说笔用完一定要在笔洗子里，把残墨洗干净，则笔毫可以经久不脱，同时戴上笔帽，免得伤了笔锋。若是沾了油，赶快用皂角汤洗去。如果这枝笔暂时不用，或者出外，可以用黄连煮汤，轻蘸笔头，等干后收起，就是经年不用，也不会虫蛀。您想想像这样给顾客服务，现在上什么地方去找呀。

写到此处，恰好小孙子放学回家，正准备学校功课，先写大小楷，一看大字笔套在一个塑料笔帽里，帽短而小，笔杆如枯枝，无锋少芒，简直是一撮子麻劈儿。现在写字求其简便，都用塑料墨盒，不要说是墨香，求其没有臭胶味，已经是上上大吉了。再看所用的薄薄的一张，任何人拿这张纸来写字，都可以力透纸背。一共三大行，两行写大字，另一大行再分成三行写小字。我的天！不要说颜鲁公、赵松雪了，您就是把王右军、欧阳询请了来也写不出铁画银钩、龙翔凤舞的好字来呀。我们下一代的写字，如果再这样不先利器长此马虎下去，礼失而求诸野，我想将来总有一天，要到韩国、日本去留学，学写中国毛笔字的。

舞屑

第八期《时报周刊》上，夏元瑜兄写了一篇情文并茂的北平交际舞今昔谈[1]，上溯到庚子年以前的往事，在下实在自惭孤陋，说什么也描摹不出来的。只有把所知北京饭店鸡零狗碎的事写点出来，聊供喜爱跳舞的各位一粲。

东交民巷法国公使馆最早有舞池

关于北平最早的跳舞场所，据先师阎荫

① 见附录之《舞低杨柳楼头月：北平的交际舞兴衰》。

桐说，东交民巷的法国公使馆最先有舞池（初称公使馆而不称大使馆）。阎师是同文馆早期毕业生，该馆的毕业生，毕业之后，都被分发到各有邦交的国家当实习领事。大家平素知道有所谓交际舞，可是谁也没见过。为免出国露怯，所以带他们到法国公使馆见习一番。只见男女互拥，婆娑起舞，虽然觉得舞步曼妙多姿，可是没有一人敢于大胆下池，跟彼美人兮临餐起舞。同文馆监督袁昶告诉同去学员说，这是北平唯一有交际舞的场所。

有人说太平红楼是最早有跳舞的，其实真正设有小型舞池开始跳餐舞的是法国公使馆！

北平餐厅带旅馆正式设有舞池的，要算北京饭店了。在当时飞阁崇楼，巍峨矗耸，四层楼的大厦，一般人看起来参天接云，仰之弥高，太伟大了（因为在清代，内城是不准建筑高楼，恐怕高建筑可以俯瞰内廷）。这块地方有人说在前明时代是招待外国使臣和通商使节的会同馆旧址，最初大家听了还不十分相信，后来却获得了证实。

原因是这样的：原来北京饭店临街各层走廊里，珠宝玉器、皮革、古董、手工艺术品，千行八作，各行各业凡是能外销的产品，都在新红楼（北平人管早期的北京饭店叫“新红楼”，以别于太平红楼）设个摊位，林林总总拥挤不堪，同时进进出出的人品流庞杂，实在不像话了。当时北京饭店的大股东是中法实业银行，于是创议把紧靠红楼的一片土地买过来，加以扩建。施工的时候，在工地上挖出不少明代碎瓷片，其中有一只完整的瓷器是明成化窑的碧绿龙纹瓷碗，经过考古家的精心鉴定，证实此地实是明代会同馆旧址，并且正式列入《顺天府志》。

一次空前盛大的舞会

北京饭店新厦落成，经理邵宝元忽发傻

劲，异想天开，开了一次空前盛大的庆祝舞会，听说发了五百份帖子。可是来的嘉宾比帖子要多出好几倍，一时座交金织，裙屐如云，花光酒气，人影衣香；士则燕尾，女则袒肩。这一次舞会，各界名流、璇闺淑女，九城尽出，比起袁、黎两次公府舞会只有过之而无不及。当时新建大舞池，是使用拼花地板，具有弹性的翩翩曼舞，似醉疑仙。进餐所用杯叉刀匙，除了堂皇典丽兼具古雅高华，餐桌上每人有一只剔金镂银的洗手水碗。有若干人士，不知手边水碗用途，拿起水碗就喝，以致后来传出有人喝洗手水的笑话。

这次舞宴，每人赠送特殊设计丝制餐巾一条，有些仕女后来遇到乘坐敞篷汽车，郊游兜风，把餐巾当作头巾，轻绡雾縠束髻拢鬓，斸丝焕彩，一时成为风尚。

北平风气在建筑方面比较保守，当年除了“安利甘”“西什库”两所教堂的神坛各有一面五彩玻璃浮雕外，北京饭店在舞池西面栏，石纹墨缕，用刻花的玻璃砖，拼成众彩焕烂的精细浮雕。既不同于先铸好铁框，往里镶嵌彩砖的方法，更不像后来把图案画在玻璃纸上往上一粘了事，这种全凭灵性塑造出自我多变的意境山水人物，仿佛都在云雾缥缈间，实在是迥异凡构的杰作。

舞倦兴阑灯灺，拿一杯浓咖啡，停眸凝望，颜骏人（惠庆）先生认为有任何伤脑筋的问题，一杯在握，冥想注视，一面融合己意，自然而然一切难题迎刃而解。证之其他几位外交界前辈，跟颜先生都有同样的感想。

几个例外的传奇人物

北京饭店最初举行舞会，对于男士服装，有极为严格的规定，必须着整齐的晚礼服，才准进场。唯一例外的除了辜汤生（鸿铭）先生外，还有一位是江宇澄（朝宗），可是他们二位也有一个自我约束不成文的规定，就是在舞厅里绝不卸去马褂，以示庄重。至于后来班禅活佛几位侍从堪布，到北京饭店跳舞，不但黄袍马褂，所有喇嘛应行佩带的全份活计（包括荷包、解手刀等）也一件不少。最初大家都觉得他们服装怪异，动作特别，久而久之，也就安之若素了。

这班喇嘛虽然舞步呆笨，可是出手阔绰，时常从荷包里掏出小金豆子来放赏，所以颇受一般侍者的欢迎。

数当年人物谁最风流

当年中央公园夕阳漫步、“真光”听梅兰芳唱京剧、北京饭店跳交际舞，三者都是高级绅商名门闺秀荟萃的场合。初期在北京饭店风头最健者有睿王福晋、曹汝霖如夫人瑞卿、顾维钧原配黄夫人、名票李秉安宠姬侯姑娘，继之而起者有陈清文夫人朱三小姐，北京大学校花马珏，昆曲名票俞珊，冯六、赵七两位的如夫人青蛇、白蛇都在北京饭店有名一时。至于第三代后起之秀有朱六、蔡九、谭四、赵四、白玫瑰、蝴蝶姑娘等人。

随着时光嬗递，长江后浪推前浪，一代新人换旧人，一拨比一拨出色，靓妆刻饰，琼花九色，态度雍容华贵不谈，就是言谈笑语中规中矩也能恰到好处。比起现代新潮派人物来，似乎是气氛各殊了。也许笔者老迈，似乎觉得总有一些今不如昔之感。

第二次大战方兴，北京饭店产权从法国人转移到日本人手里，那些宋台梁馆、珠帘玉户被日本不懂风雅的市侩，改成不东不西的料理雅座。每过此地，回想当年，内心总有一种说不出的惆怅感触。

我家的香椿树

读了王鸿钧先生《谷雨之后椿芽香》大文之后，故乡之思油然而生。

北平舍下旧居在清初时期大概是一座王公府邸。因为正房正厅屋面用的是圆形筒子瓦，东西没有厢房，而是丹楹黝垩的宽阔走廊。大厅院里左边一棵梧桐，右边一棵梓树，修柯戛云，都是挺然老木。厅截西耳两间窗牖冏冏高大弘敞，笔者跟舍弟陶孙每天就在屋里读书写字。窗前有一小跨院，中间有一座花台，里面种的是葱翠吐秀的萱草。当窗一株两人抱不过来的老椿，每当盛暑，枝叶茂密，参差掩映，满室清凉。我常想，前人对庭园设计虽然技不专攻，可却别具匠心，桐梓交耀、椿萱并茂是多么典丽的口彩。所以清代名书法家王文治（梦楼）送了先曾祖一方“奕叶清芬”匾额，据赵次瑞先生说，这四个字雄伟挺秀，古朴之极，是梦楼先生经典之作。我们幼年读书时节，只知香椿树大阴凉，虽然香椿结实，有成串的褐色果实，可以拿来做各种小动物，可是在繁花着树、累串盈枝时，有一股异香异气，闻了之后，香气过分逼人，还觉得挺不舒服呢！

有一年初春一清早，我到书室找窗课，平素总是八点到书房温书，那天不到七点，一进书房，就看见一个人爬到树上摘椿芽。门房徐林马上跟进书房来说，市面椿芽还没上市，卖菜的老陈要求准他摘点去卖，他就沾光不小啦。既然是门口熟卖菜的想摘点椿芽，我也就没追问了。后来才知道椿树愈老发芽愈早，人家谷雨摘椿芽，我家香椿是百年以上老树，一过春分，蟠木累瘿屈曲轮囷，已着碧油油紫茎绿蕊的嫩芽了。据说香椿芽分初芽、二芽、三芽，越早香味越浓郁，把初芽在开水里过一下，用南豆腐、香油、蚝油凉拌来吃，吐馥留香，清隽宜人。吃炸酱面拿来作面码，则味胜豆嘴儿掐菜，可算一绝。到了二芽、三芽味渐淡薄，拿来焖蛋、炒蛋则仍具幽香，别有风味。老陈在树上摘下来的初芽，大约第一次可以摘两斤多，第二、第三次大概顶多一斤多点，不到两斤，再摘就是二芽、三芽啦！他摘下初芽，用清水洗干净，修理整齐用细水蒲扎好，放在拳头大的小蒲包里，到各大宅门献宝，当洞子货（北平南郊丰台农家在温室培育的时鲜蔬菜叫洞子货）卖，爱吃香椿芽的当然拿它当珍蔬上味，可以卖好价钱了。他在舍下摘椿芽去卖，门房绝不敢跟他要钱，不过他车子上有的是其他时鲜蔬菜，选点给门房尝尝新，那是人之常情，我自然睁一眼闭一眼，就不去管他们的闲事啦！

自从来到台湾，头几年就没有吃过新鲜香椿，衡阳街几家南货海味店，偶尔有腌的干香椿卖，一味死咸，连一点香椿的柔香都没有。一九五七年，笔者在嘉义工作的时候，堇篱茅屋颇多隙地。有位在农业试验所担任育种工作的友好，送了我四株从大陆移来的纯种香椿树秧子。虽然只有一尺多高，微风摇曳，隐蕴菁香，绝非凡品。经过连年施肥培土，日渐茁壮，嘉义有家中央餐厅的经理毛君，虽然隶籍四川，可是最爱吃新鲜香椿拌豆腐。有一次我摘了一些椿芽，拿到中央餐厅让厨房配菜，毛经理尝了之后，认为这几株香椿的香味跟大陆完全一样。从此他时常派人到我的住所来摘，从初芽吃到三芽，三芽长成椿叶，方才罢手。

去年初夏，偶过嘉义旧居，院中几株香椿已经翠色参天、亭亭如盖了。大概现住的主人对于这几株香椿颇为爱惜吧！渡海来台，时光轮转，不觉过了三十多年，欣欣小草已成乔木，岁月骎骎，北平旧宅那些层阴匝地、格枝杈桠的老椿，是否依然无恙？北望燕云，中怀怆恻，思绪纷披，恨不能回去看看，我想五十岁以上的人都有这种想法吧！

唐山浩劫话地震

今年七八月间，笔者在曼谷时，去帕德雅海滨度假，遇到四十多年前曾经在北平地质调查所工作过的老友汉弥尔登博士。异国相逢，两鬓同皤，欢然道故，彼此都有说不完的往事。当时正是七月二十八日唐山大地震之后，他是地质学专家，自从离开北平，就到美国科罗拉多州美国国家地震观测中心去工作，一直到他七十岁退休，才偕同老妻到世界各国观光游历。他既是学识经验和地震都有关系，所以我们的话题不知不觉就指向了唐山大地震。一夕长谈，他是越说越高兴我是越听越有味，边听边记，等于上了一堂有关地震的课。

他说："中国本来是属于多地震的国家，因为中国处于两个全球性地震带之间，东边是环太平洋地震带的一段，西南是地中海至喜马拉雅地震带的一段，因此深受这两个地震带的影响。

根据地球物理学家研究所得，他们把整个中国版图划分为二十三个地震带。

一、炎城—卢江带；二、燕山带；三、山西带；四、渭河平原带；五、银川带；六、六盘山带；七、滇东带；八、西藏察偶带；九、西藏中部带；十、本南沿海带；十一、河北平原带；十二、河西走廊带；十三、天水—兰州带；十四、武都—马边带；十五、康定—甘孜带；十六、安宁河谷带；十七、腾冲—澜沧带；十八、台湾西部带；十九、台湾东部带；二十、滇西带；二十一、塔里木南缘带；二十二、南天山带；二十三、北天山带。

除了这廿三个地震带以外，别的地方并不是就不会有地震发生，只是没有地震带发生的频繁激烈罢了。依据学者统计显示，从一九〇〇年到一九七五年初在以上地震带六级和六级以上的地震带，就有四百五十多次发生。”让我这外行人听起来，实在觉得有点骇人。

我们又谈到地震的级数，我请教他震级是怎样分的。他说：“震级是根据仪器记录上的地震波而测定。在物理学的意义上来说，震级的大小是由地震时候放出来的能量大小而确定的。放出能量越多，震级也就越大。譬如在坚硬的岩石里，用两三千吨的炸药来轰炸，也不过等于一个四级地震；可是一个五级地震呢，它的强度，是十倍于四级地震所放出的能量，也就是说等于两三万吨炸药的爆炸力。六级地震放出的能量更大，约等于二三十万吨的爆炸力了。如果把一次八点五级强烈地震放出的能量换算电能，那就相当于一座一百万瓦特发电厂十年所发总电量，由此可见，一次强烈地震所放出来的能量，真是雷霆万钧非常可怕的。”

谈到此处，他又把烈度和震级的不同，给我解说了一番。他说：“烈度是指地震给予地面的强弱影响，或是破坏的轻重，衡量地震烈度，要用烈度表来测量，不过世界各国使用烈度表的标准，虽然大同小异，可是多少有点出入，中国和欧美国家多数都采用芮氏十二度地震烈度表，也就是说这种表的震度极限是十二度，超过此限，就没法分度啦，可是自从有了烈度表，还没有发生过十二度以上的烈度呢。烈度表的分度标准是：

一至二度：人们一般感觉不到，房屋建筑也不致有损坏。

三度：屋内少数人在完全静止中，能有轻微感觉。

四至五度：人们有不同程度的感觉，屋内陈设有点摇动，屋顶墙壁可能有泥土剥落。

六度：较为古老或建筑稍差的房屋，多数要崩裂坍塌，疏松的地面会发生细小裂痕。

七至八度：高楼大厦以及大部分房屋，大部分受到严重损害，人畜也有少量的伤亡。

九度：房屋几乎半数毁坏，湖泊会有大浪，水库崩溃，铁路轨道弯曲折断。

十一至十二度：房屋全部倒塌，各处引起火灾，山崩海啸，地形发生巨大变化，造成无法估计的浩劫。

任何一次地震，当然极震区的烈度最大，随着距离极震区愈远，烈度也逐渐降低。不过有时同一震距可能受害程度相差很大。因为地面下是岩石，岩石的组成不同，深浅各异，所受的压力也不一样。震源可能离地面很近，也可能很远，最深的有远到离地面四百英里的距离。同时地下水的分布，地上建筑物的耐震力又有各性的差异，加上地球自转速度的变动，放射元素发热量，对岩石强度的影响等等关系，地震到现在还是一个有许多未知数的非常复杂的问题，仍然需要世界各国专家学者把各自经验融汇交流，互相切磋，再作进一步的探讨，才能得到肯定的结论呢。”

中国幅员辽阔，按照地球板块浮动情形（海底岩盘）中国大陆大大小小的断层不断鼓荡，中国应当列为多地震的国家。根据汉弥尔登博士所搜集的资料统计：“从一三〇〇年起，到一九七二年止，八级以上大地震，中国就发生了十七次之多。

一三〇三年九月十七日：山西洪桐赵城大地震，震级八。

一五五六年一月廿三日：陕西关中华县大地震，震级八。

一六〇〇年十二月廿九日：福建泉州海外大地震，震级八。

一六六八年七月廿五日：山东莒县炎城大地震，震级八点五。

一六七九年九月廿一日：河北三河平谷

大地震，震级八。

一六九五年五月十八日：山西阳曲大地震，震级八。

一七四一年七月十九日：陕西渭县大地震，震级八。

一九〇二年八月廿二日：新疆维吾尔河喀什附近大地震，震级八点二五。

一九〇六年十二月廿三日：新疆维吾尔马纳斯西南大地震，震级八。

一九二〇六月五日：台湾花莲东南海中大地震，震级八。

一九二〇年十二月十六日：宁夏回族海原大地震，震级八点五。

一九二九年五月廿三日：甘肃古浪大地震，震级八。

一九三一年八月十一日：新疆维吾尔富蕴附近大地震，震级八。

一九五〇年八月十五日：西藏察偶附近大地震，震级八点五。

一九五一年十一月十八日：西藏克什米尔高原大地震，震级八。

一九七二年九月廿四日：察哈尔康保大地震，震级八。

这十七次八级以上的大地震，人民生命财产的损失，是无法以金钱数字来估计的。今年七月廿八日唐山的大地震，和一六七九年北平附近平谷大地震，地脉贯串，是十分相似的。这种现象表示中国华北地区的地盘，经过二百八十年的静止状态，从这次唐山大地震开始，可能又是一个频繁巨震大时代来临了。”

我跟汉弥尔登的谈话，因为彼此都是客居，各有各事，谈话也就到此为止。可是地震的一切，让我增加不少的听闻。

八月间回到台湾，又遇到一位来台湾观光的日本地震学者松崎达二郎，他说：“中国照世界地层来看，是属于多震地带，测震仪上显示，五级以上地震，每年都有四至五次之多，世界上巨大地震，列入滔天大劫的，一五五六年在陕西发生的关中大地震就是其中之一，虽然那次是八级震，可是受害面积广达一百一十万平方公里，死难的人有八十万之多。比日本关东七·九的大地震，死亡和失踪的人数，也有十四万之多，但是还不能列入世界最大巨震范围呢。照目前情形观察，非洲大陆受地球板块推动的影响，不断的把中国大陆板块往北推，另一方面，太平洋板块则向西推，这两种力量破坏了部份地壳，所以引起了中国不断的地震。华北唐山到北平地区，有不少活动性断层，受了大地震的震撼，压挤活动性断层，使得地层要重新调整，也会再次发生地震，如果级数愈来愈小就是余震；如果级数忽大忽小，可能又是一次新的地震发生。据一般地球学者专家的论断，华北地区从一九四四年进入静止期，到了一九六六年三月邢台附近地震开始，又进入一个新的活动期，接着一九六七年三月廿七日在北平以南一百多里的河间六点三级地震，一九六九年七月十八日渤海湾七点四级地震，以及一九七五年辽宁海域七点三级地震，五月廿九日云南西部七点六级大地震，件件都可以证明是活动期开始的正确现象了。”

笔者曾经问过这位日本专家松崎，近几年世界各地地震频仍，专家们对于地震预测预报研究有没有高度进展。他说：“地震预测预报可以分为四个阶段，就是长期、中期、短期、临震期。长期是几年前就能测知预报，中期预报则是一二年之内，范围三百里左右，短期预报则是半年左右，范围几十公里至一百公里，临震期预报则是在地震几天之前，范围在五十公里以内。不过在一般工业城市，人口稠密，工厂林立，大厦插云，车辆震动，地下水的抽取过度，以及种种人为的噪音，都对测震有绝大的干扰，因此现在还无法达到预期准确度。如果是在宁静空旷的原野乡村，那就情况不同啦。”

笔者当时曾经联想到一点，就是世界上拥有核子的大国，此仆彼起，不断的进行壳底核爆，累积之下对于地壳的变动，有没有推波助澜的作用。按松崎的答复是说：“核子发热量，对岩石的强度影响，地球自转速度的变动，地形磁性变态都有直接或间接的关联，是一个非常复杂的问题，现在凡是设有地球研究机构的国家都在把这一个问题积极著手研究，据他个人看法，照情理推断，影响一定是有的，只是影响程度的究竟有多大，没有得到确实的证例，无法解答罢了。”

综合东西两位学者的说法来看，大家研究所得大致是相同的，也都同意中国华北地区地震又从静止期又进入活动期了。

《古往今来动物园》读后

年前，元瑜兄写了一篇《古往今来动物园》，元瑜兄这篇鸿文穷搜旁引，从殷周的甲骨到现代的生物解剖，真是针缕中外诸子百家，词采渊懿，令人没得话讲。文里一再谈到三贝子花园，不免引起了在下无限怀思。

三贝子花园，在咸丰年间叫“乐善园”，原是一座行宫。因为后园门靠近直通颐和园的御河，慈禧太后的御舟，常常在这儿停船打尖。园里养了许多珍禽异兽，所以到了光绪三十二年（1906），慈禧索性把这座园子改名为“万牲园”了。园里亭台楼阁有畅观楼、畅春堂、础字楼、观稼轩，豹尾离宫，妆台明镜，竹篱茅舍，松径幽奇，真是网罗靡遗。所谓三贝子花园，那是咸丰以前的事了。

民初曹仲珊当大总统时代，把这座园子改为农事试验场，划归农商部，当时总长是高泽予（凌霨），当时学农的不多，他选来选去把部里一位技正谢恩隆派出兼场长。这位谢技正是广东人，只会说客家话，头一天接事就看见两个收票员刘玉峰、刘秀峰哥俩躯干雄伟，像两座显道神似的。当天召见一问话，哥俩一编排，愣说凭每月薪金所得，简直吃不饱。谢是广东巨富，立刻动了恻隐之心，条谕出纳，每月在他本人薪金项下支付二十元，给他们充实伙食。当时场长职兼每月薪水是一百二十元，像农商部这种半冷不热的衙门，每月只能领到四成薪水，加上场长项下人情来往，他的兼薪，等于全给刘氏昆仲忙活啦，其实他们二人食量比普通人大是大点，可也大得有限，而且两人都胆量奇小，天一擦黑，就不敢到园子里走动了。各自备有一只特大粗瓷痰盂，就是他们值宿起夜用的。大刘的老婆是西郊土著，身材娇小，跟大刘一大一小形成强烈的对比。她对大刘管得很严，可是大刘却时常趁她不备，偷偷溜到对街白房子（北平西郊土娼馆）去寻欢取乐。娼寮的土娼们，个个都欢迎他，说是谁要接了大刘，准保十天半月生意兴隆不空房，所以他是白房子的财神爷。后来大刘应邀到美国好莱坞电影公司去充当临记，曾经在冷面笑匠巴司祁登主演的一部滑稽片，有他几幕镜头，本来是一记血头，可是他行动迂缓，神情呆板，又不服水土，没法子演下去，只好败兴而归，回国没多久就病死了。

谈到三贝子花园的大象，在下从小就爱逛三贝子花园，主要是瞧大象。一尺多长的稻草把子一捆一捆用长鼻子往嘴里送，嚼都不嚼就下肚了。后来读书，读到大舜弟弟叫“象”，封有“有鼻”，大象有一只长鼻子，偏偏他的封邑是有鼻，实在太耐人寻味。依据中国古代文献记载，广西云南一带，有很多大象聚族而居，后来因为气候水源陵谷的变迁，逐渐流徙向印度非洲方向而去。自从东汉时开始，所有臣服大汉的产象的属国，把驯练好的大象，列入岁时朝贡的礼单啦。从唐代开始并且把驯象定等分班列入卤簿，遇到岁朝庆典、盛大朝会，大象一对一对锦辂金饰，驾辇驮宝，东西并列，以肃威仪。电影里曾经看过越南柬埔寨驱象打仗，咱们中国在东汉时代，光武中兴王莽刘秀昆阳之战，莽军也知道利用大象皮粗肉厚、力大无穷的优点跟汉军作战了。

北平有个地名叫“象坊桥”，据说就是早年驯象所跟豢养大象的地方。咱们没赶上，听老一辈儿的说，象最喜爱干净，象奴们每天要用一种带铁刺的硬棕刷子，给大象身上的泥土灰尘，扫刷一遍。要是象奴刷得不干净，大象一发威，能够毁屋拔树，声势非常吓人。十天半个月象奴还要带大象到护城河洗澡冲凉，柳阴戏水，王河射波，直等到大象俯首昂鼻，呜呜有声，表示尽兴，才准象奴牵引蹒跚而回。

每年六月初六是一年一度的洗象大典，銮仪卫要用旗锣拿扇全副仪仗，把象群送到宣武门外浴响闸后陆续下河（又名“二闸”），一时额耳轩昂，舒鼻弄水，嬉于碧波，牝牡自匹，等到力尽身疲，象奴才敢向前，河里早就砸好木桩（又叫“橛柱”）。每一头象由三个象奴服侍，把头颈用一条粗绳索，紧紧绑在橛柱上，四条腿都用一种叫“校”的蛟筋绳索套在它的脚上，牢牢缠在橛柱根儿上，让它不能走动，才开始沐浴，大约要洗上一个时辰，才能洗完，然后列队鼓乐送回象舍。

明代沈德符《万历野获录》还有王渔洋的七言长歌《洗象行》，都把北京浴象，蔚为盛会，歌咏描述，细腻周详，可惜原诗记忆不清，手边又没有原书，无法写出，以供众览了。

有人说大象在清代所领俸禄，也有官阶等级的，每头象最低月俸也比一等卫为高，因为象的食量大，要雇三名象奴伺候，用项大开支多，否则就无法维持啦。据说每逢朝廷大会，哪一只象入朝迟误，或者是站列失序，廷命笞责的时候，大象照样乖乖地趴在地上受责。领责之后，并且知道起身谢恩。此外要是犯了重大过失，或是狂逸伤人，罪应降级，它们知道退立应贬的级次。我们看过了马戏班里，驯象师指挥它昂首举足、扬旗吹号种种演练情形，上面所说大象立朝站班动作，可能也不会假的。

又听说大象年迈，受了惊吓，容易发疯。发疯之前，象的耳朵里会流出一些油脂，叫作“山性”，一经发现，就得赶紧用巨绳捆绑起来医治，否则狂性暴发，就要毁坏房屋伤及人畜了。以上情形都是听自故老传说，是否真是那么一回子事，只有请教动物学专家夏教授解说证实啦。

民初在北平城南游乐

凡是民国初年在北平住过的主儿，大概全都逛过城南游艺园。民初有人在北平香厂万明路盖了一所六七层高的大楼，仿照上海的大世界，开了一个综合游乐场，取名新世界。京班先后由金少梅、福芝芳挑大梁，杂耍由白云鹏当老板。开张之初，车水马龙，盛极一时，但是过了不到一年，因为白云鹏行为不检，勾引良家妇女，被判坐牢，以致生意一蹶不振，换了几次经理人，始终开不起来，最后终于关门大吉。

当时有粤商彭秀康认为城南一带，正在走向繁荣趋势，新世界之所以赔本，第一是人谋之不臧，第二是北平人保守，坐电梯、上高楼听玩意儿，心里总有点嘀咕。于是彭秀康在香厂万明路西南方买了几十亩荒地，一部分盖剧场、杂耍园子，一部分挖地筑池，引水成湖，加盖竹篱茅亭，野意盎然，另辟跑驴场、溜冰场，使得游客，无论男女老少，一进园子，都能各得其乐。当时门票要卖两毛钱，小孩免费，逢年按节，并可照票摸奖。大概过年时，头奖总是火狐皮筒子一件，中秋节是月饼礼券一百元，端午节则头奖华生电风扇一台，等等。日场十一点开锣，五点散场，晚场六点半开始十二点散。如果看完白天，还想连看夜场，只要不出园子，仍旧免费招待。

园里吃中餐有小有天、宾宴春，西菜有冠英，一客西餐仅四角五分，吃素菜有香积厨。不但物美价廉，而且各有各的拿手菜。小有天除烧四宝、羊肚菌为拿手菜外，包子馄饨，亦为一绝。冠英之鸭肝饭，是北里娇娃特嗜品，而京剧场门前五香带汤热豆腐干，文明戏场里小贩所卖的去皮甜橄榄、香烂卤牛肉，都是别具一格、百吃不厌的小吃。

谈到京剧场，楼上两厢是大包厢，可坐十人，每厢一元五角，昼夜按两场算钱，楼下池子前排是小包厢，每厢一元，可坐四人；后坐两廊，就不另买票了。京戏台柱坤角，早期是金少梅、云艳琴、金友琴、孟丽君，后期是碧云霞、绮鸾娇、蓉丽娟、琴雪芳挑大梁。马连良出科到福建唱了一阵子，倒呛回北平，曾经在城南游艺园唱开场，笔者就曾听过他唱《借赵云》《断密涧》一类老戏，那一段大概是连良最倒霉的时期。

当时在园子里唱的，有一个叫郭瑞卿的坤角老旦，扮相清丽脱俗，唱两口也颇受听，不料把京师警察厅总监李寿金迷着了。李身躯伟岸，五柳长须，为当时有名的美髯公，只要郭瑞卿一上场，李就入座捧场，郭一下场，李就出园，风雨无阻，准时不误。后来郭看破红尘，皈依三宝，削发为尼，李还给她置了一份庙产，了却这段香火之缘。

名坤伶碧云霞，貌虽中姿，但台风冶荡，风骚入骨，九城少年，备至倾倒。碧云霞一出《纺棉花》，九腔十八调，加上广东戏的大锣大钹，大家都觉得非常新奇。有一位青年，正当碧云霞在台上大卖风骚的时候，忽然情不自禁，跃上戏台，拥紧碧伶强吻不已，大众因事出意外，全都目瞪口呆，幸亏台上饰演张三的吴桂芬粗谙拳术，三拳两脚，才把这位急色儿，打下台来。碧云霞因为遭此突来惊吓，不敢再唱，不久就嫁了豫督寇英杰。胜利后，笔者在天津朋友家里，遇见这位寇太太，闲话当年，缅怀城南往事，彼此都不胜今昔沧桑之感。

城南游艺园，最能吸引人的，还不是髦儿戏，而是魔术团跟益世社文明戏。这两档子玩意儿，共占一个场子，早晚两场，都是先变魔术，后演文明戏。魔术团由韩秉谦、张敬扶两人分早晚班主持，配角有“小老头”“大面包”，最受小孩欢迎。从城南游艺园开幕，就是韩秉谦的魔术团，一直到园子关门，仍旧是他。一个变戏法的，能够在一个地方维持了六年之久，实在不是一桩容易的事。

谈到益世社，真可以说一句多彩多姿了，演正旦的有夏天人（电影明星夏佩珍的叔叔）、薛苹倩、陈秋风、周婷婷，正生有胡化魂、李天然、刘一新、胡恨生，泼旦有张双宜、王慧影，丑角有江笑笑、王呆公、钱痴佛等人。所演文明戏，全无台词，即景生情，就能长江大河，澎湃奔放，甚至痛哭流涕，台上台下相顾唏嘘。一时名门贵妇、北里名花，对于文明戏趋之若鹜。演员观众兼有行为欠检者，于是五光十色，艳事频传。张恨水的《春明外史》，对于这一类事写得很多，虽然不完全是事实，可是蛛丝马迹，也不能认为他全都是胡说八道。此外园子里杂耍场子，也极精彩，京韵大鼓有刘宝全、小黑姑娘、张金环，梅花调有金万昌，单弦有荣剑尘，快书有常澍田，巧耍花坛有骆树旺，踢毽子有王永龄父女，抖空竹有李安泰，还有华子元的“戏迷传”，乔清秀的河南坠子，奎星垣的八角鼓，“抓髻赵”的什不闲，常旭久的莲花落，“张麻子”“万人迷”的对口相声，郭荣山、徐狗子的双簧，五花八门，可以说极视听之娱。现在想起来，像这样子一堂杂耍，可真应了古人一句话，“此曲只应天上有”了。

说到电影场，也是一绝，所演的片子，全都是若干本连台大戏。我记得有一部《蛮荒异迹》，一共有六十多本，每期演两本，一星期换一次片子，整整演了近十个月，才把这部片子演完，此外《宝莲女》《红手套》《就是我》等一律是大部本戏，一演就是几个月。最奇怪的是这些片子在北平都是独家放映，如果有两本没看，情节就接不上了。据说有位阔少爷，只要电影看脱档，就赶到天津下天仙去补看一场，一时传为笑谈。

每年元宵佳节，城南游艺园的花盒子、纱灯，也是轰动九城的玩意儿。花盒子最多的有十一层，都是从广东请来巧匠精制的，放盒子的架子，约五丈多高，用引线点燃，有戏出，有灯彩，放完一层又一层，一个花盒子可以放四五十分钟，加上烟花火炮，足足放两小时，这种壮大的场面，也是不经见的。说到纱灯，一律白纱黑框，笔者曾看过全本《西游记》《封神榜》《红楼梦》，手笔完全出自廊坊二条宫灯名手，跟台湾现在宫灯上的画，那简直没法比了。

大约民国十年的正月初五的晚上，大戏场正在上演琴雪芳、琴秋芳、胡振声的《宝蟾送酒》，西楼忽然哗啦一声坍了下来，楼下散座恰巧坐着一位十六七岁的燕三小姐，不幸被当场压死。燕三小姐敏而好学，从来极少到游乐场所的，因为到舅舅家拜年，被表兄妹勉强拉来。这么一来可糟了，游艺园第二天就停业，燕三小姐的棺柩，就停在戏台上，天天请和尚道士唪经超度，足足七七四十九天。出殡的时候，还要园主彭家顶丧驾灵，才算了事。经此事件，彭秀康再也无意经营，此一热闹繁华场所，从此就关门大吉。

在城南游艺园鼎盛时期，前门大栅栏观音寺一带繁荣，渐渐移向香厂万明路一带，最显著的就是八大胡同的清吟小班，陆续迁到大森里营业；素菜馆的六味斋、新丰楼，把致美楼、泰丰楼的买卖都顶了；最妙的是观音寺原来是鞋铺大本营，自从香厂开了一吃素人鞋店，所有青年男女，都以穿小吃素人的鞋为时髦，观音寺的鞋店，只有老年人才去光顾了。城南游艺园给香厂带来莫名其妙的繁华，不及十年，一霎时又烟消火灭了。民国二十年，笔者曾往凭吊，据当地派出所说，城南游艺园一度改为屠宰场，现在连遗址都认不出来了。夕阳残照，蔓草荒烟，真令人有说不出的感慨。

城南往事忆灵签

去年岁末，万象版（台湾《联合报》）登载台北市内湖金龙寺，新添了一尊机器佛，求神问卜的人，只要先在神佛前默诉心愿，从机器上端投下一枚硬币，立刻梵音清吐，有一张黄色指点迷津的签卡，随声而降。至于所求神签灵不灵，那要问求签的本人啦！

不过笔者故友香港名星象家李栩厂曾经说："八卦周易，命相测字，由古迄今，多则几千年，少则几百载，信之者说它是玄学，不信者说它是迷信。其实严格讲起来，前者是精算统计，后者是触机而发，并不是不可理解的。"由于求神问卜有了机器佛，让我想起了当年北平城南游艺园观音座下的机器灵签。

民国十年前后，北平市政当局，因为前门一带车多人挤，时常挤得水泄不通，于是在香厂左近开辟新社区。有位姓彭的广东朋友，在金鱼池北边开了一座游乐场，所以叫城南游艺园。里头是京戏、杂耍、电影、文明戏、溜冰场等样样齐全。每个剧场外边，除了售卖零食的摊贩之外，一共设了三座求签的机器，一座是济公指迷，一座是吕祖神坛，还有一座是观音灵签；据说观音灵签是一位比丘尼发愿，亲往京西门头沟斋堂紫竹禅林抄来的，其中有诗有词有偈语，都是那位老尼免费印制的。说也奇怪，济公佛坛、吕祖仙座之前，每天只是有人嘻嘻哈哈，半开玩笑求一支签逗逗闷，可是到观音座下求签的，真是合十顶礼，默念默祷的。

久而久之，经理彭秀康也听说这座观音签示，时有灵异。此时游艺园营业鼎盛，日进斗金。有一天正是岁尾，剧场也都封箱，夜阑人静，他忽然心血来潮，让园里司事陪同到观音座前，很虔诚地求了一支签，签文是：“苦中有乐，乐中有苦，乐不敌苦，青云止步。”当时彭的事业正在蓬勃发扬，如日将中，虽然签上明示他及时歇手，他岂能就此罢手，也就淡然置之。转到年正月初二，正是各游乐场所的财神日，游艺园每个场子，都是人山人海，挤得满坑满谷。大约晚上十点多钟，京剧场琴雪芳、秋送浮（后改名琴秋芳）的《宝蟾送酒》刚刚上场，忽然西边楼角咔嚓一声，西楼包厢忽然落架坍塌，偏偏有位在女中读书的燕三小姐，坐在西楼下散座看戏，恰巧被落下梁柱压住，当场不治，香消玉殒。

据说燕三小姐娴淑向学，平素极少涉足游乐场所，这次是到外祖母家拜年，被表姐妹们拉到城南游艺园来玩，而惨遭不幸的。据说她们一群午饭后进园，燕三小姐曾经拿了一支观音灵签，签文是："棋输一着，去去还还，春残花落，问离恨天。"学生对于问卜打卦，是不相信的，可是新春新禧，总也觉得有点别扭，不过大家一阵嬉笑打趣，也就忘了，想不到没过几个小时，真个瓦砾埋香，魂归离恨啦。

此次坍楼事件，咎在园方，燕三小姐灵柩，就停在京剧场舞台正中，延请僧道，念经超荐，停灵七七四十九天，才正式出殡安葬，城南游艺园从此关门大吉。

那两支签都不幸而言中了，触机乎？迷信乎？碰巧乎？见仁见智，那就非所敢知了。因为四五十年后，台北内湖金龙寺又有了机器佛。前尘往事，凡是当年到过北平，逛过城南游艺园的，多少还有点儿印象吧。

一段观气见鬼的传奇

现在科学虽然日渐昌明，可是无论中国外国怪力乱神的事儿，还是所在多有。一般灵魂学家用种种方法，据说能够跟鬼魂灵感交通，确认有鬼的存在。可是同时有若干事物，如果以科学眼光来衡量判断，似乎又在可解不可解之间。所以现在只能说今天科学的发展，尚未足以解释这类情理无法解说的事，只能暂时存阙存疑了。

下面有一段事实，是笔者亲身经历的。民国十四年北洋时期，内务部褒扬司有位新到任科长黄同生，既能看气又能见鬼。笔者彼时正当血气方刚，好奇心盛，经一再恳求次长王嵩儒片介，约了精研命理的合肥李芋龛同去。

黄科长家住西铁匠胡同，住宅是一所四合房，当时正是夏季，我们是下午四点多钟前往拜访的。据说日将西沉前往看气时间最为恰当，中午日正当中，光线过强，上午阳气太盛都不相宜。

据黄科长说：“我是二十八岁那年，忽然觉得双眼又痒又痛，虽然找了若干眼科名医，可是越治越坏几近失明。后来有人说河北省定州马应龙眼药，治疗眼科各种疑难杂症有奇效，于是托人买个几瓶照方搽用，居然没有多久把眼睛治好。从此眼前总有烟云缭绕，人影幢幢，可是碰不到，又摸不着，自己体会到一定是鬼物。起初心里非常害怕，于是每逢行动，不分昼夜，都点起一支蜡烛，两眼注视着烛光，来减少内心的恐惧，过了大半年，渐渐习惯才不燃烛而行。”

谈到看气，他说：“每个人头上都有一股

子气体，往上直冲，以颜色来分，有紫、红、黄、白、蓝、灰、黑几种颜色。以气质来分有长有短，有粗有细，有浓有淡。积聚若干年我的观察所得，根据物稀为贵的原则，就颜色方面来说，紫色最为少见。袁世凯跟陈宝琛都是属于紫色，可是紫色不浓罢了。名利心比较重的人大半属于红色；黄色的人又都工于心计，只图利己不顾别人。京剧里把王僚、宇文成都的脸谱画成黄色，真是不谋而合太巧了。白气的人十之八九是淡泊名利、心中坦荡的高士。蓝色的事业心重，勇往直前不太在乎成败。至于灰色不外体虚气弱身体有欠健康的特征，全是由别的颜色转变而来。至于黑色是在各种颜色里最坏的一种了，不但品德欠佳，而且心狠手辣，所幸头上冒黑气的人并不太多，否则天下必定更乱，让人睁不开眼了。

“此外气的长短粗细跟人的寿元长短心思粗细也统统看得出来。一般正常人的气，都有四五丈长。一间屋子里人一多，彼此的气互相虬结盘绕，感觉气闷，要打开门窗透透气，大家立刻感觉舒畅就是这个道理。有的人气细而长，表示此人心细有耐性，寿元也长。要是长而且粗，这个人当然是神满气足直往直来的鲁莽汉。曾经有位同乡介绍名报人邵飘萍来谈点事情，邵的头上是黑白相间的气，而且头顶上的气，不是源源上冲，如同点燃太平花筒，火花时断时续，虽然看出邵的寿元不会太久，可是交浅不敢言深，又是来谈公事的，更不敢惹人不快。结果邵飘萍果然因为一篇讽刺张宗昌的文章，不久被张拘捕枪决啦。”

谈到鬼的问题，芋龛兄首先问到《左传》上故鬼小新鬼大的说法正确不正确，黄科长认为这个问题问得非常之妙，从来没有人问过这个问题。他说：“就多年观察所得，并不是每个人死后一定都有魂灵，都是些凶死暴毙的人，骤然殒命，死后三魂七魄，不能立刻消散，才有所谓鬼的存在。至于年老力衰，或者疾病缠绵床第多时而死，迷茫缥缈，魂魄也就随风而逝了。新死的鬼魂，据我所见，确实跟生前身材大小不差，而且面貌清晰如生，久而久之，不但缩小也越来越淡。有时候马路上有辆汽车疾驰而过，鬼影躲避不及，一被撞散也就归于乌有。有人认为鬼一定都躲在空屋阴暗的地方，其实不然，反而人多的地方才有鬼。虽然鬼不敢碰人，可是也不愿离开人太远，咱们不了解真相，好似人多气盛的地方，对鬼影的维持是有帮助的。尤其放过鞭炮后，烟硝气味浓烈，群鬼猬集不散，更令人不解。”

笔者问他，故去亲属友好，曾否遇见过，仍否相识？黄科长说：“最亲跟最好的亲戚朋友，我只看见过嫡亲姑母跟同班至好袁公英同学两人，神态仅介于似曾相识又不相识之间，当时心神一震栗，也就不知所之矣。”

芋龛兄又问黄科长曾否看见过神佛。黄

说：“有一次我在广和楼池座听富连成小科班唱戏，忽然觉得身后暖烘烘的烤人，回头往楼厅正座一看，有一位容仪高古、望之俨然、朱服相貂的伟丈夫居高而坐，一股子天地浩然正气，不觉肃然起敬，猜想大约是文信国史阁部一类殉国孤忠，神游至此。另一次是在参加一位亲戚家丧礼，晚间由法源寺一位大和尚登座唪经放焰口，午夜照请时分，陡然虹霓贯月，瑞彩烛天，云端出现一位正觉尊者祖裼裸裎，璎珞被体，宝相庄严。仔细凝视，敢情祥云绕中，无男相无女相，这一逼视不要紧，因为佛光强烈，好像配眼镜放大瞳孔一样立即失明，经过一二十天之后视力才逐渐恢复。”谈到此处打搅了将近两小时，只得辞谢出门，已经是归鸦噪晚的时候了。黄科长告诉我们离我两丈多远电灯杆子后面，就有两团鬼影，边说边指，令人生出毛骨悚然的感觉。

姑且妄言狐仙事

笔者在北平的住所，是一座百年老屋，因为人丁稀少，房舍众多，众人一直传说有狐，可是谁也没见过。有一年舍亲王安生交卸了甘肃固原县县篆，道经北平准备回转扬州养老，到了舍下，就安顿在西书房住宿。时方盛暑，厅房户牖弘敞，又是满室缥缃，他书看倦了，就偃卷在湘妃榻上合衣而睡。第二天清早他被浥浥晨露惊醒，哪知衣裤尽除，赤身睡在走廊的台阶上。他自认是狐弄他的，第二天连书房都不敢住，赶忙搬到城外佛照楼客栈去了。看门的徐林，是先君的书童，大概也被捉弄过，每月二十六他都在书房小跨院里很虔诚地供一壶白干、三枚白煮鸡蛋。他只说是供大仙爷的，问他别的有关狐仙的事，他就闭口葫芦，什么也不讲啦。

笔者当年在粮食部服务的时候，虽然住在部里单身宿舍，可是一房一厅，外带卫生设备，也相当宽敞。后来部里来了位新同事吴绍先，他是湖南人，因未携眷，也想住在单身宿舍，无奈当时已无空闲房间，经同人介绍，就在我的卧房增一卧榻，客中多一室友，也可以稍慰寂寥。吴君短小精干，红光满面，兼之含怀敻远，吐词隽拔，倒是一位可交之士。他有一只白地青花中型瓷罐，每天早晨，都要从瓷罐里挑出一汤匙黑色膏子药，用热水冲服，后来相处了两三个月，我发现无论公私大宴小酌，他是从不参加，我偶或买点糕饼水果回来，请他品尝，他也授而不用，顶多吃点水果。

有一天他好像有话想跟我讲，可是欲言又止赧于启齿似的，结果他终于吞吞吐吐地说了出来。他有一狐妻，原住徐州，拟来探望打算在南京小住几天，又嫌白天旅馆嘈杂，拟住我处，可又说不出口。当时我恰巧要去上海公干，允将宿舍，让渠独占三天，不过有一条件，希望将他狐妻玉照给我一看，他欣然允诺。公毕回京，他的狐妻已走，出示照片果然绰约冰雪，娴雅内莹，若他不说是狐妻，跟常人毫无差别，更没有轻艳侧丽的神情。问他遇合的经过，他就不肯说了。走时留下一筐鸭广梨送我，此梨系北平一种特产水果，不耐贮藏怕压，外观虽然不美，可是汁多而甜，因为运输困难，所以在南京水果店虽然四时鲜果俱全，可是很不容易吃到鸭广梨。她居然能弄来一筐鸭广，足证高明，她的手法是不同凡响的。从此我留心吴兄的饮食行动，除了发现他睡眠极少，不近烟火，恐怕引起人家猜疑骇怪，偶或拿一块半块糕饼浅尝辄止，无非是障人耳目。他实在是不需要进饮啜食，以慰饥渴的。过了几个月吴君忽然不辞而别，留了一封短简给我，说中原祸乱已萌，他已携眷入川，早营菟裘，将来大家或能在川滇相晤。后来有人看见吴君在贵州的贵定极乐寺出家修行，童颜鹤发，神满气足，老而弥健，是否他受了狐妻指引，修成大道，就不得而知了。

抗战之前，先祖跟友人在苏北合伙经营的盐栈泰县分栈，房廊交疏，颇饶雅韵。抗战期间，停止营业，就被敌伪军政吏胥霸占，隔栋截柯，据为公馆了。民国三十五年春天，笔者循里下河，把兴化、东台、泰县几处分栈收回，住在泰县盐栈正房西厢三间，有人跟我说，这正厅西厢屋宇虽然幽静宽敞，可是听说住有狐仙，一直空闲无人敢住。我因花厅、书房、客座均在，商请现住人限期腾让，尚未到期，不得已只好设榻西厢了。泰县电灯厂因发电量不足，每晚十二时后即不供电，为了夜间入厕方便，床前放一方凳，照燃一盏煤油灯，捻到最小光度，起床时再行捻亮。有一晚睡至深夜忽然听到耳边鼾声大作，西厢前后虽然房廊交错、屋宇迂回，但均未住人，何来鼾声。于是起身将灯拧亮，发现鼾声来自床下，追弯腰探视，在衣柜下露出毛茸茸、肥硕硕，又黑又亮一段狐尾，上半身则在床下，其巨大可想。惊慌无计之下，只有反身上床，塞紧床帘蒙头大睡，从此每夜必来，久而久之习以为常，人狐相安，各不相扰。笔者因事有宁沪之行，拟请老友陈仲馨代为看屋，渠意颇犹豫，乃子普沅少年气盛，自当奋勇愿代看屋。哪知他睡了一夜，第二天清晨起身，皮鞋忽然不见，等拿来另一双鞋穿上，原穿皮鞋分挂帐钩左右。渠放在桌上呢帽，也由覆而翻，中有狐粪，此后再也不敢给我看屋了。

陈仲馨兄家住西仓街一酱园后进，也是一幢老屋，抗战期间，亦发现狐踪，堆置柴草小房，忽然发现草堆着火，眼看火势熊熊，已成燎原之势，急往灌救，居然毫无燃烧残痕，种种怪异不一而足。于是设坛扶乩，给人决疑定难，并且不时临坛吟诗，香火鼎盛。他虽深以为苦，可是也莫奈之何。日军进犯泰县，扬言即将派机轰炸，有人叩询吉凶休咎，坛示“佛当其咎”，大家均不了解，等敌机骚扰去后，全城房舍人畜均告无恙。不过庵观寺院神佛祖金身塑像，多多少少都受了一些损害，因此伪军驻泰的军事长官李长江，还亲自到陈府上供拈香仰达天庥呢！笔者是民国三十五年春节，回到泰县整理善后的，与陈仲馨兄久别重逢，自然彼此都有说不完的话题。据他说自从胜利还都，岁尾年头，狐仙降坛留四句诗是“卅五春回后，元宵月正圆，登楼崇武帝，莫作等闲观”。从此坛忽寂然，似已飘然远隐。我问陈兄此地有无关帝庙，他说此地关家墩子有座关帝庙，碧殿丹垣，雄伟壮阔。我说你家狐仙，可能移驾关帝庙了。有一天我们信步到东坛场，听野台子京剧，经过关帝庙，进庙瞻礼随喜。在一间重檐四垂的阁楼里，它的旧房客大仙爷已经顶起香火，有若干人在那里焚香顶礼，求丹问卜异常热闹了。

以上几件事都是笔者亲自经历，一直到现在，想起来仍然觉得在可能不可能之间。您若不信，就算姑妄言之，您就姑妄听之吧！

后记

我的朋友唐鲁孙

夏元瑜

与鲁孙先生原是笔友，后来相见，成了知友。由于年龄、见解、知识、乡土的关系又进而为挚友。我们全是暮年闲居，没事做，于是动了笔杆。没想到一划拉就是一篇，往邮箱里一扔，过不了多少天，报上就登出来。日子一久，居然有人称我们为作家，真是这辈子没想到的事儿。如果说鲁孙兄为作家的话，他还不愧为一位多产的作家。两三年里写过二十五六万字来，并且一个一个地都排成铅字印在报上。读他的文章真令人增加不少知识。

他一生经历多而复杂，不但士农工商全

干过，更由于出身在贵胄家庭，环境也和普通人不大一样，所知既广，更加以遍尝美食，学识自是十分渊博。他更有一桩大本事，就是记性特别好，几十年前的陈年旧事，亏他全记得那么清楚。例如他那一篇《谈印》，讲了那么多的人名、官名、历史演变、典章制度，以及石材、刀法等，多么的详细，其中有许多名词术语尚无暇解释，如果一一详叙就够写成一篇博士论文或专册。他走马观花地说说，平常人就叹为观止了。一部短篇小说盖出几千字来毫不困难，而要像唐兄这样写出一篇几千字的短文可得有几十年的见闻以及经验，为了获得这些经验更得花许多钱财。古人称赞好文章为“字字珠玑”，若把这话放在这本书上，我看倒真当得起，他花了无限钱财写出了这一本子的丰富知识，而读者您只要花不到一张电影票的钱（台北首轮的）就能完全搬过来，岂不是一大便宜事。

我常常说现在青年只会应考，杂学实在

知道得少而又少。您要上了外国，洋人要问你一点中国旧事，阁下是一问三不知。这些零碎的知识你上哪儿找去？固然也有些竹头木屑的杂书，可惜那些作者并没身历其境，胡乱抄凑而已。唐兄的这本可不然，全是他亲身所经，要不就是他的可靠相识者当面告诉他的。所以此书和古今许多的杂记全然不同。

写序的人免不了犯个古今通病，就是捧作者过度，有点失真。我觉得鲁孙兄的文章也犯个小毛病，他的语句太北平化了，常把我们的家乡土话搬出来，有时我看见他的原稿忍不住加个括号解释一两句。《红楼梦》和《儿女英雄传》的行文也全是如此。您要学国语，倒很可用他的语句作蓝本。

鲁孙的记事，秩序分明，有头有尾。其中有许多事都该画出图来。在今日的社会转变中都成了往事，以后也不会再有。那么他这本书和《清明上河图》有相同的价值，全是记录往日的生活，老年人看了这本书可以引起你个人的幽思，青年人看了可以增加见识，更了解自己的国家。我套句做生意的话，以作序言的结束，叫作“货真价实”。

唐鲁孙其人与书

赵珩

广西师范大学出版社重印的“唐鲁孙系列”即将付梓，约我写一点关于唐先生及其作品的文字。我想，无论是从辈分、年齿还是人生阅历而言，我都没有资格为唐先生的书赘言，盛情之下，只能谈一点这部著作的读后杂感。

最初读到的唐鲁孙先生作品是二十世纪八十年代由台湾大地出版社出版的《故园情》，且只有一本下册。从封底的书目上看到，大地还出版了他的《天下味》《老乡亲》《中国吃》《说东道西》《什锦拼盘》等数种。半部《故园情》已使我心为之动，神为之往，于是对唐先生的其他杂文也萌生阅读的饥渴。一九九三年我随出版代表团赴台，在台北火车站附近的书店街遍寻而未果。又拜托台湾出版业同人代为购之，终因行程匆匆，未能将这套丛书带回大陆，一直以为遗憾。

鲁孙先生姓他塔拉氏，满洲镶红旗人。是最后一位伊犁将军志伯愚（志锐）的侄孙，而其族姑祖母就是光绪的珍妃和瑾妃。唐先生的祖父仲鲁（志钧）也是进士出身，入翰林，曾任兵部侍郎。庚子事变，为免遭联军涂炭，在家中设礼祭祖后自尽。民国初年，由清末遗老出资刊行过一部《庚子辛亥殉难诸臣图录》，分上下两册，唐先生的祖父即在上册之中。下册是辛亥殉难诸臣，首页即是先曾祖季和公（赵尔丰），第二页是端午桥（端方），而唐先生的伯祖志伯愚（志锐）即在第六页。鲁孙先生本名葆森，字鲁孙，以字行，也是为了纪念他的祖父志仲鲁。鲁孙先生生于一九〇八年，即是光绪三十四年，离清帝逊位只有三年时间了。不少介绍说鲁孙先生是珍妃的侄孙，其实鲁孙先生的曾祖名长善，而珍瑾二妃的父亲名长叙，是鲁孙先生的曾叔祖。

入民国后，鲁孙先生已是家道中落，虽有“文采风流”的文化底蕴，却不得不治谋生之学。于是中学毕业后入财税学校学习，弱冠之年，已然自立且为生计奔波了。这在当时的旗人中不能不说是属于积极向上的一类。嗣后流寓武汉、上海等地，足迹遍于大江南北。抗战胜利后台湾光复，唐先生于一九四六年去台任职，不想从此后四十年海天相隔，终老台湾。

唐先生的笔记大多是谈饮食的，但在这些文字中不仅涉及饮食本身，也在很大程度上说到当时的社会风气、世态民情、人际往来和商家兴衰。我想但凡是有一点近现代文化基础和阅历的读者都会体察到这些方面的内容。唐先生的后半生是在台湾度过的，他对大陆的记忆是在二十世纪二十至四十年代之间，而且北平沦陷时期他又在大陆，胜利后回过北平，只是短暂停留，一九四六年春天就定居台湾了，所以说他笔下的“北平”当是二三十年代的北京。但他所记述的七八十年前至四五十年前的社会生活，其实相距今天并不遥远。唐先生长我整整四十岁，而也就是这四十年，是中国发生翻天覆地变化的四十年，不要说唐先生所称的“北平”，乃至整个中国和世界都是如此，其文化差异大抵可以相当前近代文化的两个世纪，这段时间中，社会形态到文化氛围都发生了大转折，这也是今天的人对那段生活感到陌生与茫然的原因，因此也正是这部著作的价值所在。

唐先生并不是“足不出都门”的“老北京”，他的足迹遍于全国各地和印度、东南亚诸国，见闻颇丰。仅就饮馔而言，也不囿于“北平”一地，因此常有比较之说。例如《围炉吃火锅》一文，对东西南北各地的火锅无一遗落，无论是东北的酸菜白肉锅子，北京的菊花锅子、涮羊肉，四川的毛肚火锅，江南的什锦锅，广东的打边炉，都娓娓道来，而且对原料的叙述全面与准确，非时下人所了解。再如《津沽小吃》和《吃在上海》等，也是一个老北京眼中津沪两地的饮馔，所以说唐先生的见闻是很开阔的。

唐先生的随笔集中也有一部分不是关于饮食的文章，涉猎十分广泛，记梨园、岁俗、技艺、市井、闻人、异类种种。有些文字谈到的内容是近年大陆同类文章很少涉及的。如《北平茶楼清音桌儿的沧桑史》《舞屑》《扇话》诸篇。读唐先生的文章，我更注意的是他在文中涉及的旧人旧事以及当时的世态百象。

唐先生与我家可以算是世交，从两三篇文章中可以看出唐先生与先曾伯祖次珊公（尔巽）有过多次接触。从时间判断，彼时次珊公已是耄耋之年，而唐先生还不到二十岁，估计在一九二二年至一九二七年之间。那时也正是次珊公主持修撰《清史稿》之时，一九二七年《清史稿》仓促完成（关内本），次珊公也于同年辞世。《故园情》中有一篇《赵尔巽收服张作霖》的文章，演绎了当时先曾伯祖在东三省总督任上降服张作霖的故事。

唐先生阅历丰富，谙熟清末民初掌故以及不同阶层的社会生活，上至宫闱宦海，下至市井闾巷，腹笥甚宽，这都与唐先生出身世泽名门及青年以后的遭际有着密切的关系。唐先生还通晓民俗，擅长顾曲，十分熟悉北京梨园的人物故事和旧京岁时节令风俗。从这些随笔中都可以体味出他在这方面的功力。

唐先生的文字是白描式的，用他自己的话说："就是只谈饮食游乐，不及其他。良以宦海浮沉了半个世纪，如果臧否时事人物，惹些不必要的啰唆，岂不自找麻烦。"唐先生绝不妄言己所不知的领域，所涉皆为亲身历见，有多少记多少，很少浮夸与过多的峻峭深刻之笔。其文字中既没有子虚乌有的“满汉全席”，也没有时下两岸某些文化名人的谈禅说道。娓娓道来，朴实无华，反而更加引人入胜。

唐先生的文字是可以当作《洛阳伽蓝记》看，比照《东京梦华录》来读的。

当前，社会生活史的研究在世界范围内正处于热门研究领域，而恰恰这方面的史料又显得如此匮乏和苍白，唐先生的著作毋庸说充实了这方面的素材，给人们提供了历历可信的旧日生活实态。我想，唐先生晚年写作的初衷，大概只是想搜寻记忆中的雪泥鸿爪，并无著书立说的宏愿，其书在文字上也无太多的修饰与渲染，体现了一种瓜熟蒂落、老成说故的味道。

“唐鲁孙系列”记述的是一段生活的场景，一道逝去了而又无法复制的生活轨迹。

视此虽近，邈若山河

高阳

民国以来，谈掌故的巨擘，当推徐氏凌霄、一士昆仲，但专记燕京的遗闻轶事、风土人情者则必以震钧的《天咫偶闻》为之冠。震钧是满洲人，姓瓜尔佳氏，字在廷，号涉江道人，生于清末，殁于民初。以他的其他著作，如《两汉三国学案》《〈洛阳伽蓝记〉钩沉》等书来看，他不仅是“八旗才子”，实为“八旗学人”。

去世三年的唐鲁孙先生，跟震钧一样，出身于满洲的“八大贵族”，姓他塔拉氏，隶属镶红旗。他家跟汉人的渊源甚深，曾祖长善，字乐初，曾官至广东将军。两子一名志锐，字伯愚，一名志钧，字仲鲁。由“鲁孙”之名，可以想见他是志钧的文孙。

长善风雅好文，性喜奖掖后进，服官广州时，招文廷式、梁鼎芬与其两子共读，后来都成了翰林，而且都是翁同龢的门生。长善之弟长叙，官至刑部侍郎，其两女并选入宫，即为瑾妃、珍妃，为鲁孙的族姑祖母。鲁孙早年，常随亲长入宫“会亲”，所以他记胜国遗闻，非道听途说者可比。

鲁孙有二分之一的汉人血统，他的母亲为曾任河南巡抚、河道总督、闽浙总督的李鹤年之女。李鹤年，字子和，奉天义州人，道光二十五年（1845）翰林，服官颇有政声，且精于风鉴。识拔宋庆、张曜，在恬不知耻的后期“淮军”之外，允称名将。

因此，唐鲁孙先生能有以燕京种种切切为主的这一套十二册的全集，与震钧的《天咫偶闻》先后媲美，真可谓由来有自。鲁孙赋性开朗，虚衷服善，平生足迹遍海内，交游极广，且经历过多种事业；以他的博闻强记、善体物情，晚年追叙其一生多彩多姿的阅历及生活趣味，言人所未曾言，道人所不能道，十年之间，成就非凡。尤其是这份成就，出于退休的余年，文名成于古稀以后，可谓异数，鲁孙亦足以自豪了。

由于我在八旗制度上下过工夫，亦嗜口腹之欲，鲁孙生前许我为可与言者之一。订交以来，数共邀宴，每每接座，把杯倾谈，不觉醺然，此乐何可再得？鲁孙全集共十二册，其中许多篇曾在《联合报》副刊刊载；我常到此写稿，近水楼台，每先快睹。如今重读，亦如“黄公酒垆”，不胜“视此虽近，邈若山河”之感。

粉子胡同老志家（节选）

唐光熹

家父唐葆森，号“鲁孙”，是我家唯一一位了解家族历史的人，可惜当年笔者年纪尚幼，根本还没有到达有资格探索家族历史渊源的年龄，再加上父亲常年在外地工作，时而汉口、武昌，时而南京、上海，时而扬州、泰州，甚至远赴东北的锦州、北票，只有逢年过节才得回家一趟，故而少有了解家族渊源的机会。

年节期间，家中人来人往应酬繁忙，难得有空坐下来闲话家常，谈论家族渊源的陈年旧事，只有当全家老少齐聚南屋祖先堂（按：我家的祖先堂除了进门的这一方以外，其余三面的墙壁上都挂着大幅的祖先画像，所以我们习称这里为“影堂”）上香磕头给祖宗辞岁时才有机会听到一鳞半爪。昏暗的灯光在香烟缭绕烛影摇曳之下，衬托出一股神秘的气氛，画像上的每一只眼睛都好像瞪着你瞧，令人不禁背脊发麻，长出一身鸡皮疙瘩来。祖母告诉我们：“这些都是你们的祖宗，看到你们疼都来不及，有什么好怕的？”

父亲也趁机来个机会教育，指着画像讲解影中人的辈分和生平，例如说：“中间那个头戴官帽慈眉善目的白胡子老头是咱们二房的大长辈，你们的高祖长善将军，他曾辅佐恭亲王签订《中法和约》，后任广州将军，逝于任所，平时自律甚严，但是待人宽厚，贩夫走卒都对长善将军十分崇敬。”

又指着旁边一幅黑胡子老头的画像说：“这位是你们的曾祖父志钧，号仲鲁，为支撑家计自愿放弃京官，外放江南，执掌官书局、巡防局、牙厘局和银元局等机构，担任行政工作，卸任后留在江南与友人合资开设‘裕善源’银号，在泰州设立‘谦益永’盐号，并兴建房屋，广置良田，才能使得咱们家衣食无虞。”其余的虽然也讲了一些，但是因为人数太多，大都记不起来了。

祭完祖先以后到吃团圆饭之前，我和家兄光焘还有一个任务得先完成，那就是我们得坐上洋车，到没有子嗣的那两房本家老祖那里为她们代烧包袱（按：所谓‘包袱’，指上书祖先名号、内装金银纸锭、用红纸糊的包袱，烧给过世的祖宗在冥界花用），当然少不了会带几个装着真钱的红包回来。通常我们回到家里时，街上的路灯都已经亮起来了。但是我们俩还是老神在在，知道即使年菜都已经摆上了桌子，也一定会等我们回到家以后才会开动。

酒醉饭饱，照例得来上一点余兴热闹一下，客厅里灯火通明，掷骰子的掷骰子，推牌九的推牌九，过年大家同乐，不论听差的、老妈子都来参加，连平时找来算命的张瞎子也上门来凑上一脚。不过这位算命的张瞎子最怕我问他："张先生你算得出来这次押哪一门儿会赢？"张瞎子总是一脸无奈地说："我平常算命都很准，碰到耍钱可就不一定了，你还是自己下注吧！"时过午夜，吃完饺子，大人继续守岁，孩子们上床睡觉，想听家族故事又得再等一年了。

驰骋草原渔猎为生的部族，文化水准低落，早期我家祖先的传承因缺乏文字的记载已不可考。父亲遗留下来的《祖先生平事略》是从满洲八旗大军进入山海关时开始的，进关以后的情形已有概要式的记录。另外父亲还亲笔写下一份《家族世系表》，一代一代有系统地排列起来，一目了然。[①] 从这些资料

① 唐鲁孙所撰《祖先生平事略》与《家族世系表》见文末。

中，使我对于我家家族的渊源有了比较清楚的概念。

我家的满姓是他塔拉，源起于长白山札库穆，隶属于八旗中的镶红旗。从龙入关的始祖为五色烈，其人神武豪迈，千军辟易，扈从襄赞有功，封“镇威大将军”，食量兼人，酒量如海，卒葬北京京西二里沟，岁时祭扫辄以白干一坛、白肉一方奉祀。

五色烈生子萨郎阿，笔帖士出身，曾任户部员外郎，卒后追赠礼部左侍郎。萨郎阿生子裕泰，字东严，号余山，历任湖广总督及陕甘总督，以军功封太子太保，并赏戴双眼花翎，赏穿黄马褂，卒谥庄毅，家人尊称他为庄毅公，长辈们讲述家族历史的时候每每将他一生光耀的成就视为家族发迹的开端。

庄毅公生有四子，长子长启曾任广西梧州知府，生三子，曾任知府、知县，并无特殊功绩；次子长善曾任广州将军，我们这一房的子孙便是长善公的后代；三子长敬曾任广西博罗知县，其子志锐曾任杭州将军和伊犁将军，其生平事迹可圈可点亟为突出，容后再叙；四子长叙曾任礼部侍郎，乃光绪皇帝所纳瑾妃、珍妃之父。由此可知，我他塔拉家族乃是以军功起家，因功获得封赏而供职朝廷，直到瑾、珍二人获选入宫为妃，瑾妃更于光绪死后受封为皇太妃，才勉强算得上是国戚。

我心中一直有一个谜团无法解开，小的时候时常听到在家里服务两三代的老奶妈们给我讲早年家中的陈谷子烂芝麻时，总不时提到“当年你们老志家如何如何”，让我听得一头雾水，我们的满姓是他塔拉，汉姓是唐，怎么会是志家？老奶妈们知识有限，只能勉强告诉我：“你们旗人的规矩，平常不称呼姓，只叫名字，你的曾祖辈都拿志字排行，例如你们家大房有志觐、志闰、志燮三个兄弟，二房就是你们的曾祖父志钧，三房是你们的大兵老祖志锐，四房就是瑾妃、珍妃的哥哥志锜。而且这几个兄弟都在朝当官，声势如日中天，当年这条粉子胡同有半条街都是你们家的产业，人人都称呼为志家。”我听了以后还是不太明白，那为什么后来我们不姓志而又变成姓唐呢？这个“唐”又是从何而来的呢？

我曾经问过祖母，也许因为祖母是汉人（祖籍江苏镇江）的关系，对于旗人的规矩也不大清楚，所以无法给我答案，母亲也是镇江人，当然更不知道了。直到举家渡海来台，在台北跟父亲住在一起好几年，自然有很多机会聆听父亲讲述唐家的陈年旧事，让我知道了不少以前所不知道的家族历史和趣闻轶事，但是当我问到“咱们家为什么姓唐？”的时候，竟然连博学多闻的父亲也无法说出一个所以然来，只能含糊地说：“只知道从你们祖父源续公那一代起，咱们家就姓唐了，至于为什么是姓唐，就没听说过了。”因此这个存在已久的谜团始终停留在我心里，没有找到答案。

不意前些日子与在东莞经营电子产品生产的大儿唐绅通电话，我问他这次金融海啸对他生意的影响时，他在电话那头说："我的产品主要是销美国，美国受金融海啸的影响，经济萧条情况逐渐扩大，我自然直接受到冲击，目前只有苦撑待变，等候春天的燕子，所以最近我空闲的时间很多，没事时就上网看看有什么可看的文章没有，我发现大陆这边对于前清的历史、宫闱的秘辛和满族的沿革等非常有兴趣。"我让唐绅把这些网页上的文章统统下载传给我，我再一一列印下来。

仔细阅读之下，发现我们这些满族同胞真是有心人，不知花了多少时间和精神用于搜集、研究、考证，然后执笔为文，贴上网页与同好分享。尤其可喜者，从唐绅传来的资料中，很意外地让我看到雅昌艺术论坛"雅昌茶社"一篇标题为《北京满族〈冠姓溯源表》的文章，表列各姓非常之多，在此不一一列出，只将几个大家耳熟能详的姓氏列出，以供参阅：

金——爱新觉罗

叶——叶赫那拉、叶赫那、叶赫勒

鲍——博尔济吉特、博尔济吉锦

马——马佳、费莫

富——富察、富勒哈

唐——唐吉、唐乌勒特、他塔拉

那——那拉、叶赫那拉、叶赫那、那勒加、那尔加拉

舒——舒穆禄、舒莫里

我总算找到了我们姓唐的来源出处啦。

我们唐家从高祖长字辈起分为四房：长房长启，多年以来除了知道他生有三子以外，似乎没有任何有关长房的资讯，也不清楚有没有后代传下来；二房就是我们这一房，从长善将军传下来到我的孙子这一辈已历七代，

目前在台湾繁衍，也有部分流向美国和泰国定居；三房长敬生子志锐，于伊犁将军任内殉职于将军府，仅二妾狼狈逃回北京，没有留下子嗣，大姨太因疯癫症不久死于北京，二姨太一直住在粉子胡同我家对面，与我家走得很近，后因患子宫癌去世；四房长叙生子志锜，生女瑾妃和珍妃，志锜子嗣较多，除生有海沂、海澜、海桓（号君武）三子以外，还有女儿石霞和舜君。

唐海桓为人豪爽亲切，我们称他为七爷爷。唐舜君对我们非常照顾，我们称她为五姑爷爷（其实海桓是兄，舜君是妹，搞不清楚是怎么排行的）。他们先后来台以后与我家时相来往。唐海桓在台曾经再婚，娶溥儒遗孀为妻，后因病去世。唐舜君生有二子，雷道余和雷孝琛，道余任职“经济部”，曾派任日、美等国经济参事处工作，很受长官器重，可惜在台北期间因感冒微恙住进医院后就没再出来，一直未能查出病因，壮年辞世令人惋惜。其弟孝琛从事新闻业，染病去世尚在道余之前。唐舜君晚年百病缠身，端赖打针吃药维持，唯人前依然盛妆，雍容华贵，看不出病容，去世前缠绵病榻数日，我曾往医院加护病房探视，此刻她已认不出人来了，后因心肺衰竭，经急救无效去世。

记得当年在北京的时候，四房家大业大，人口众多，据说连用人加起来有一百多口人，不知道现今还有哪些人尚在？

日前看到一篇郭招金先生的文章《访珍妃之侄唐海沂》，引起我极大的注意，我想总算有了一些唐家人的消息。文章中这样写：

"'你来了，出于礼貌我得接待你，我的一切你都看到了，我有什么好说的呢？'唐海沂，他的满族老姓叫他塔拉，历史上有名的珍妃、瑾妃是他的亲姑姑。他不愿意会见客人，更不愿意谈及自己的身世。因为正是他的这种身世，加上他这副直来直去的脾气，使他吃尽了苦头。他蹲过监狱，释放后找不到工作，一直在街道上打零活。现在岁数大了，活干不动了，靠妻子的几十元退休金过日子。当然，他的四个孩子也都成了家，还负责赡养他们。采访他实在有点强人所难，但他的身世太吸引人了，使我欲罢不能。

“他家住在东城区北二环路南侧的一座破旧的平房里。房子是里外间，旁边搭一个简单的厨房。家里没有许多普通家庭都有的大件现代化的家具，一切收拾得倒还干净。我造访时，唐先生正在外间用早餐。他的早餐很简单，也是北京市民的传统早餐食品，喝玉米面糊，桌上放着一碟咸菜。和唐先生幼年的生活环境相比，这种生活自然是无法比的，所以他不愿意再谈自己的经历。这些年来，许多爱新觉罗家族成员的生活又有了变化。谈起了这些，他说：‘我和他们没有来往。’接着他又说，‘我这一辈子就亏在没有一技之长。’”（以下从略）

我知道他是七爷爷唐海桓的哥哥，可能

也是当年我们管他叫六爷爷的唐海澜的哥哥。我还记得当年的六爷爷癖好异于常人，他特别喜欢放风筝，巨大的风筝有房檐那么高，得趁着大风由两个听差的合力才能放得起来，然后把绳子绑在廊下的大柱子上，因为拉力太大，六爷爷根本抓不住。还有一样嗜好是玩小学生玩的“建造纸”，那是在硬纸板上印上房屋模型，剪下来以后贴成立体的房子，我在他的书房里看到有好几百张这种纸堆在桌上，羡煞我们这些小朋友。回首前尘，今昔的天壤之别，岂能不令人兴起天上地下的感慨。

我家早年是由祖母当家，祖母是江苏镇江张家的小姐，闺名叫秉俊。她的兄长是张秉懿（号柳丞），父亲是张恩麟（号秀生），曾担任大法官，入赘江北泰州王得昌（号梧园）家，与其女王锡荫结婚。王家系由扬州迁来泰州定居，经商致富。前面曾经提过，我的曾祖父志钧公宦游江南，隐退后从商，与友人合伙开设“裕善源”银号并创办“谦益永”盐号，经营范围包括泰州、兴化、东台等口岸。在泰州大林桥兴建住宅，在乡间广置良田，产业尽在江南。扬州的王家自扬州迁来泰州以后，除了商业经营大展宏图以外，也在大林桥建起七进大宅作定居的打算。张家虽无自宅，但租屋也在大林桥，唐、张、王三家鼎足而居，时相往还。张王两家原有姻亲关系，后张柳丞之妹张秉俊嫁入唐家与唐贻泉结婚，致唐张两家也产生了姻亲关系，于是这三家往来关系更加密切，甚至于我的外公张柳丞这一辈的兄弟们与王家的众兄弟以大排行的顺序相称，可见得彼此亲密的程度。父亲成年以后与外公张柳丞的四女张宝田相处融洽，感情甚笃，于是亲上加亲，表姐弟互许终身，从表姐弟关系变成了夫妻。我的祖母既是母亲的婆婆，也是母亲的亲姑母，亲戚关系是越来越复杂了。

回过头来，该提一提唐家自己的事了。

我家自从进关以后就住在北京粉子胡同，一直没有搬过家。可惜我们这房人丁不旺，屋大人少，用人比主人还多。我们这一支男丁更是稀少，高祖父长善公虽然一生乐善好施，却没有子嗣，不得已从其三弟长敬公那房将其子志钧过继过来延续二房的香烟。虽然我们的曾祖父志钧公很是争气，生下二子源续（号贻泉）与海续，却没想到我们的祖父源续公竟于婚后不明原因英年早逝，只留下一女，于是二房又陷入了乏人继承香烟的窘境，无奈之下只得将海续之子葆森（号鲁孙）从小过继过来，便是我们的父亲。

可能是从小受成长环境的影响，父亲生性温和，个性恬淡，少与人争，处事少年老成，他的平辈表弟妹们常戏称他为“老哥头”。记得我小时候有一次为了本家们对我们这一房待遇不公非常气愤，对父亲的忍让不以为然，事后母亲安抚我，跟我说了一段发人深省的话：

“你父亲在很小的时候就过继过来了，一个还没懂事的小孩儿，在莫名其妙的情况下被安置在一个没有亲生父母呵护的陌生大家庭环境里，身边都是从没见过的陌生人，虽然你的祖母对他疼爱有加，但是也难以弥补离开生母的伤痛，以致于心灵上始终缺少一份安全感，凡事总是先顾虑别人的感受，宁愿自己吃亏，也不愿据理力争，长久以来逐渐养成了拘谨忍让、守礼守分、不敢逾越的个性。即使到了今天，在外已是独当一面的公营事业的主管，在内他独力撑起了一个家，是真正的一家之主，可是从小养成的谨小慎微的行事风格，却再难以改变了。这些年来我对他的性情早已经习惯了，你也要多了解他才好。”

听了母亲这番话以后，我深切自省，对于自己的莽撞和不懂事非常自责，幼年失怙、孤单无助的境遇，岂是我们这些父母健在、备受呵护的温室花朵所能体会得到的。

父亲从小念书没有没有家人的指导，一切都靠自己。他喜欢看书，什么书都看，说是博览群书也不为过，故而国学底子极为深厚。他写得一手好字，作得一手好文章，诗词对联也难不倒他，他的国文程度远远超过他的同学。只不过数学、理化方面却是天生不擅于此，以致他从汇文中学毕业以后只考进了北京的财政商业专门学校（大概相当于今日的专科学校），无缘进入正式大学，未能取得学位。这所学校是由外国人所出资创办，教学的素质相当高，尤其重视英文教学，以与外商贸易为教学重点，藉以培养优秀的外贸人才，只可惜学校未经教育部立案，所以其学历不为政府机关所承认，这一点对于父亲以后的从政生涯造成了诸多阻碍，乃至于后来渡海来台任职，也还是因为不能提出学历证件无法通过铨叙，而不能进入行政机关服务，一生深受其累。

父亲年轻时喜欢摄影，在那个年代，在古老的北京城，照相机还算是稀罕之物，有许多老北京一生也没拍过一张照片，而父亲却拥有大大小小的德国照相机好几个，他不但有各式各样的照相机，连冲洗照片的器具和材料也一应俱全，可见得他当年一定是迷照相迷得不得了的先进人物。由于喜欢摄影的关系，少不了背着照相机到各地名胜风景地区猎取美景。虽然当年不能像现在这样可以随意出国旅游拍照，但是国内大江南北广大山川却是任他遨游。

泰州地处长江以北，不仅风景秀丽，气候宜人，更因为佳肴名点脍炙人口，成为吸引父亲向往的诱因。但是真正吸引父亲喜欢往那边跑的原因，可能是因为张柳老的家就在泰州，他家的子女和父亲年龄相若，年轻人玩在一起很是热闹，比闷在北京家里快乐得多了，怪不得他一去就乐不思蜀舍不得回来，没想到表姐妹们相处日久，却逐渐发展出一段情缘来了。

张家的长子书田在上海读书，后来毕业于复旦大学，二姐瑞田是上海智仁勇女中毕业的，三姐芝田也进入了中学，唯有四女宝田不知道为了什么没有入学读书，而是由外公在家亲自教导，她学的东西除了读书写字以外，还要学英文、珠算和记账，因此她虽然没有上过学堂，但是学以致用的学问倒是学得十分地扎实。

那时他们的母亲戚夫人已经过世，书田在上海不常回家，瑞田以长姐的身份掌理家务，对妹妹们十分照顾。宝田在家中年纪最小，但比父亲大两岁，父亲称她为四姐。她个性活泼，喜欢开玩笑，更喜欢以作弄人为乐。父亲则是生性老实，态度拘谨，这两个人性情上可说是南辕北辙的两个极端。父亲天生胆小，听到打雷就会把耳朵捂起来，看到有人放鞭炮就赶紧躲得远远的，宝田天生胆大，特别喜欢放鞭炮，不论多响的鞭炮都敢放。父亲最怕的就是毫无预警地突然响起的鞭炮声，而宝田则是最爱趁父亲不注意的时候在他身后放一串鞭炮来吓他，这样一对个性迥异的表姐弟竟然日久生情彼此看对了眼，互许为终身对象了。

父亲和母亲的婚礼选在上海举行，新郎、新娘穿着礼服婚纱非常时尚。母亲的嫁妆是全套的红木雕花中西合璧的法式家具，既漂亮又时髦，雕刻细致精美，衣柜和梳妆台镶嵌的是极厚的玻璃砖，照镜子的时候一点都不会走样。铜制的双人弹簧床锃光瓦亮，床上装饰着各式规则的图案，四根铜柱的顶端各装一个会旋转的铜球，用手轻轻一碰铜球就会转个不停，十分有趣。这四个铜球是我小时候最喜欢玩的东西，走过来转一转，走过去也得转一转，百玩不厌，母亲曾经不止一次地制止我，可是我总是记不住，后来她也懒得再说了。

满洲长白山扎库穆他塔拉家族世系图

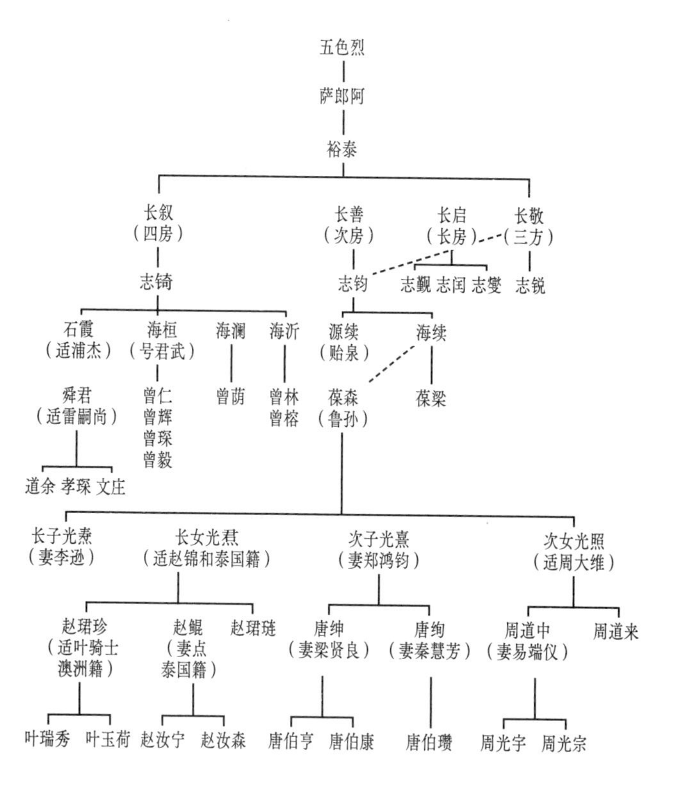

唐家祖先事略

五色烈 入关始祖，从龙进关，神武豪迈，千军辟易，扈从襄赞有功，封镇威大将军，卒葬北京京西二里沟。生前食量兼人，酒量如海，岁时祭扫辄以白干一坛、白肉一方奉祀。

萨郎阿 笔帖式出身，生子裕泰，曾任户部员外郎，卒后追赠礼部左侍郎。

裕 泰 字东严，号余山，历任湖广陕甘总督，以军功封太子太保，赏戴双眼花翎，赏穿黄马褂，卒谥庄毅。

长　启　庄毅公长子，曾任广西梧州知府，生三子，长志润，次志燮，三志觐，攻书法，著有松竹石室诗存行世。

长　善　庄毅公士次子，字乐初，号佛芗，曾佐恭亲王签订中法合约，嗣后任广州将军，卒于任所，著有《芝隐室诗文存》，书法极近何绍基，无嗣，以三弟长敬第二子志钧为嗣。将军以军功起家，终身以未能应科考为憾事，在粤创办同文馆并延明儒陈兰甫教子课侄，均入词苑。将军束身严谨，仁爱待人，北平贩夫走卒皆知长善将军。

长　敬　庄毅公第三子，曾任广西博罗县知县，生二子，长志锐，次志钧。

长　叙　庄毅公第四子，字彝亭，曾任户部侍郎，生子志锜，生女瑾妃珍妃。

志　闰　长启公长子，字石襄，曾任广西龙州府知府。

志　燮　长启公次子，字理斋，曾任四川彭水县知县。

志　觐　长启公三子，字秋宸，曾任浙江湖州府知府。

志　锐　长敬公长男，字伯愚，翰林出身，精骑射，双手发枪弹无虚发。初在翰林院供职，继任礼部侍郎，以倡新政逆慈禧太后，外放热河练兵大臣，宁夏副都统。因仍专折奏事，改任伊犁领队大臣，俾不得专折奏事。宣统元年（1909），调杭州将军，旋奉诏进京，拟调盛京将军，公以多年任职伊犁，深谙对俄赔款等交涉，事务繁重，自请出任伊犁将军，且以盛京为清廷发源重地，乃举荐赵尔巽出任盛京将军。辛亥军兴，在伊犁殉难，仆从亲族从亡者二十余人，入清史名臣列传，谥文贞，著有塞上竹枝诗、廊轩诗集。

志　钧　长敬公次子，入嗣长善公名下，字仲鲁，号陶安。传胪出身，以家族食指浩繁，依两江总督刘坤一听鼓江南，署江南官书局、巡防局、牙厘局、银元局。后与李经楚合资设裕善源银号，即中国银行前身，与周植庵、许云浦、李振青、潘锡九等创办谦益永盐号，辖江苏兴化、泰县、东台三食岸。旋退隐海陵，生二子，长源续、次海续。著有同听秋生馆词钞，在京时与盛伯希、于式枚、文芸阁、梁星海、宝竹坡、黄体芳、王可庄、赵次珊、李木斋等诗酒往还，京中宅邸乃成人文荟萃之所，朝政兴革颇多献替，一时人称清流派。

志　锜　长叙公之子，字赞希，号坚公，笔帖式出身，曾任正蓝旗满州都统。

源　续　志钧公长子，字贻泉，袭荫出任户部职方司长印。早卒，以胞弟海续长子葆森为嗣。

海　续　志钧公次子，字绍五，曾任清史馆编纂。生二子，长子葆森入嗣源续公，次子葆樑。

海　澜　志锜公长子，字彝孙，曾任乾清门侍卫。

海　沂　志锜公三子，字子炎，未仕。

海　桓　志锜公四子，字君武，曾任国民大会满族代表。

石　霞　志锜公之女，适清逊帝宣统之二弟溥杰，擅诗书，曾执教于香港大学中国语文系。

舜　君　志锜公之女，适湖南名士雷嗣尚，生二子，长道余，次孝琛，曾任国民大会满族代表。

附录

匟后语

夏元瑜

按匟之设备，南方人固然没见过，就是北方的中年人也没赶上有它的时代。唐先生和我也仅在年轻时候见过，以后家家全改用了床，棕屉和藤屉究竟比砖面的匟舒服得多了。我是盖世仙翁的徒弟，说话不足取信于人，但是唐先生却没受我的熏染，句句实言。他所说宫中的情形也是真的。他小时候有一次进宫中向瑾太妃拜年，赏吃春饼（台湾的轮饼），命妇和宫女们一瞧太妃有赏，于是都来帮着他卷，结果把他填病了。到太妃的匟上，请了张太医来看病。瑾太妃坐在匟旁，太医只好跪着把脉。因此他所说宫中的匟和匠上所铺垫的全是实情。

前文中说到匠几上放着帽筒。这东西入民国后就淘汰了。它是一尺多高，直径四寸的圆柱形之物，类似花瓶，瓷烧的，筒壁刻洞，彩绘，专为放官帽之用。前清做官的人戴的官帽，不论秋冬天戴的秋帽，和夏天戴的凉帽，后面往往有向下斜的翎子，无法平放在桌上，一定要放在帽筒上方能托起来。

舞低杨柳楼头月

——北平的交际舞兴衰

夏元瑜

提起交际舞来，当然是洋玩意儿。中国人最早参加过舞会的，是同治六年（1867）清廷派赴欧美各国去的钦差志刚（满人），他参加过法国拿破仑三世的宫廷舞会。我们遥想当时，一位身穿清代袍褂、垂着长辫的中国人坐在凡尔赛宫的大厅里，周围全是盛装的法国男女。他的处境不易，很令人钦佩。以后，上海开为商埠，外国人来得日多。中国人和洋人的交往和友谊也日渐增加。所以上海对一切外国风俗都先受熏染，交际舞不过是其中之一端罢了。

庚子事变以后出现了最初形态的“舞厅”

《时报周刊》的编辑先生不知怎的忽发雅兴，想起交际舞在中国的发展来，要以此为题，叫我写出一篇稿子来。我一想，这事非先从上海说起不可，别的大都市全步上海的后尘，最好请一位老上海来执笔。现在请到周先生——他在三十多年前出入上海舞厅足够十年——写得一定不错。

上海的一切新风气大概要在一年之后才能传到北平，跳舞当然也得如此。大概在民国十八年以后，北平有舞女的舞厅才逐渐多起来，也很蓬勃过一时，到“七七事变”才完结。虽说是受上海的影响，但在另一方面却也许在上海之先。就是“庚子事变”以后，由于《辛丑条约》规定，东交民巷（长两公里，在正阳门与其东的崇文门之间）成为使馆区，德、英、俄、法、日、美均有驻军。东城的崇文门大街、东单牌楼、东长安街及王府井大街一带，为了适应日渐增多的外国人，逐渐地欧化起来。于是形成东西城的不同，西城较保守，而东城较为西化。最初出现了北京饭店，它是有大舞厅的，可能是跳舞的先河。现在我把它的沿革说一说。

北京酒馆几度春秋

在“庚子事变”以前，北平已经有不少外国人了。在东城的船板胡同口，有一对法国夫妇开了一家小小的餐馆，卖酒和零点的菜。他们雇了一位学徒，姓邵名宝元。餐馆生意很好，又开辟了四个房间租给客人住。这就是北京酒馆的创始。

后来又在附近的东单牌楼的小头条胡同（庚子后拓宽为东长安街）租了一所大房，改为北京饭店。老夫妇年老多病返国，把生意顶给一位眇一目的意大利人——光绪三十三年（1907）也很得意，迁到原街较西一点儿的一所大住宅，把门窗全改成西式。第一次世界大战时意人回国，让给法人劳曼，在原址之东兴建五层的红砖大楼，有客房四五十间。那时在北平已算高得吓人了。

劳曼又转给中法实业银行——掌握百分之七十五的股权，大投资，在西隔壁开建六层的大楼，六楼有一部分是屋顶花园。法国来的蓝图，承包是法人包可苏，他转包给刘氏兄弟。砖头是用北平之南的丰台马家堡的空心红砖，河北唐山出的水泥，钢筋大概是舶来的。民国五年时地下室已建好。完成后，共有二百二十五间客房，这块地皮的主权却属于一所意大利的天主堂。它的发财一则由于大批的外国观光客；二则由于屡次内战，大批的中国人避入洋人开的旅馆以图安全。

它在路北朝南，进了大门是一个大厅，向西走是一个大舞厅。当中是舞池——比地面高一厘米——用长条地板拼成。这种地板下面有许多人字形的木架托住，人少时走在上面不觉得，人多了就略有弹性之感。

每周有两次跳舞，周四下午四至六点有茶舞。白俄的名提琴家欧罗甫领着四人乐队演奏，没舞客时就奏古典音乐，所以跳华尔兹的时候居多——它四分之三拍，三步一并脚，节拍较慢，带点儿古典的气氛；周六从八点开始跳舞。太平不戒严时可以通宵。欧罗甫带着十几名俄人和菲律宾人演奏。男客必须穿上晚礼服，假若穿着浅色西装或中国长衫，服务人员会很客气地把他请出去。女客当然争奇斗艳不在话下了。

辜鸿铭也是常客

北京饭店的西餐是有名的，监厨是法国人。那位主厨是浙江舟山人姚宝生——癞痢头——是由一百多名报名的厨师中被各使馆的人员品尝之后，选拔出来的，胜利之后他才退休。全餐合三元美金。最初在船板胡同时的邵宝元对于法文、英文能说、能写，德文、意文能说不能写，现在他做华人经理已经多年了。

西餐厅和舞厅是相连的，前者在南，后者在北，靠北墙有小戏台。那时外国的大音乐家或歌唱家全在这台上表演。如把桌子全移出去，可以排得下七百张椅子，地板是大条的拼花地板。观光客来了，用餐时，表演中国的戏法——快手刘、快手卢等人；或是滦州的皮影戏，以及宫戏（傀儡戏）等中国老玩意儿。试问现在所谓的观光旅馆又如何呢？别说服务人员绝不会给客人介绍女人，就算客人自己带进去也办不到。吃饭时男客要穿深色西装、打黑领带——存衣室里有预备好的，请客帖子上也有注明。最初去这洋人饭店的中国客人是若干满洲贵族青年，有一位脑后垂着白辫子的老者倒也是常客——他是牛津留学生辜鸿铭先生，大概也只有他老人家不穿西装。

二次大战，法国战败后，中法实业银行把本行持有的百分之七十五的股权卖给了一位法籍日人律师和一位美籍日人水果商。跳舞取消，英美人已成俘虏，中国人更没了那跳舞的心情。大餐厅之旁添了几间日本料理的雅座。胜利后，老经理邵宝元先生退休了，由他的儿子邵毓彬先生接替。产权归了北平市政府，借给励志社作第二招待所。

另一个洋人开的六国饭店在使馆区内，地名叫作水门，也始于庚子前后。老板英国人，华人经理天津李某。面积比北京饭店小，四楼，英式西餐。因为它在使馆区内，所以军阀内战时失败的军人和政客全逃进去，中国军警因有条约的关系不能进去抓他们。日本对英美宣战之后被日军接收，改为贵宾招待所。抗战时，旧军阀张敬尧在那儿被志士刺杀。它没有专门的舞厅，不过在餐厅内也有乐队，客人在厅中央的余隙中也可婆娑起舞。

第一辈的舞女和舞步

民国十七八年时北平已有备有舞女的舞厅了。最早的一家在西长安街路北，有位教授的洋太太，曾在那儿与美国大兵伴舞。第一辈的舞女是于碧澄小姐。此后王府井大街的交通饭店（前身是大陆饭店，后改为中原公司——百货公司）也开了舞厅。有名的“北平李小姐”就在那儿初次亮相。有一天开化装舞会，她穿了欧洲古时的伞状大裙子出场，真是仪态万千。也有几位名门闺秀下海的。相继开了三星舞厅（酒吧小白楼改的），老板意大利人，白俄老板娘兼当舞女。中国舞女中有一位唐槟香，身材玉立，很是漂亮。这家和白宫、美琪，全在东长安街上，距北京饭店不远。客人可以带出场，和舞小姐上北京饭店去，那儿是要客人自带舞伴、不预备舞女的高级场所。

北平的舞厅用舞票制，一元三张，跳一

场用一张，有些舞厅没有乐队，用留声机放音乐唱片，一场极快，只有三分钟。有时去请那成排坐着的舞女，走得慢了，到她那儿音乐就停了，倒省了一张舞票。北京饭店的一场就长得多了。客人送舞票谁也不好意思数着跳几场送几张，总得多送点，舞女全塞在高筒丝袜里。在北平请舞小姐来坐台子要花十元开一瓶香槟酒。酒虽不高明，可是噗的一声大响，声震全场，客人和舞小姐全显得面子十足。那时通用的舞步是狐步、布鲁斯、华尔兹。探戈是表演用的，很少出现，有位北大的魏教授夫妇很擅长。

几位奇特的人物

舞女中有几位奇特的人物。一位是天生的歪脖子，她的脸老像歪着头看东西。一位较矮的，头发老是斜盖着右眼，后来我才知道那一只眼是凸出的，可是盖着却很美。还有一位天老（没有色素的人，白发白皮），把头发染得红红的，舞技却十分高明。这些原是灯下美人，白天如何，却不足深究。在有舞女的舞厅中，客人穿得很随便。我记得有警局的一位区长（今分局长）穿着白衬衫，鼓着肚子，挂着把手枪。有些二十来岁的青年，头发梳得发亮，穿着腰身细窄的长衫，高高的领子，十分媚气。最可笑的是民国二十年左右，西藏的班禅额尔德尼大国师——简称班禅喇嘛来到北平，有他的随从官员（想必也是大喇嘛）穿着缎子袍和马褂，也佛光普照地照到舞厅来了。地板滑，一走一跤，一跳一跤。后来，钱花得够了，居然也练得不错。这些喇嘛以普度众生、现身说法为目的。不知他们度了几许舞女。

北平基督教青年会里有个组织叫狐狸社，专教交际舞。由荫铁阁先生主持——他父亲是清末赴德学陆军的荫昌，是有名的军事学家，娶了德国太太。

这些往事，回忆起来挂一漏万，我记性远不如唐鲁孙，这篇稿子本当由他来写，不过他的夫人身体违和，两老情深，他无心动笔，只好由我来杂凑成文。也学学他的笔调，把一家店铺的祖宗三代都找出来；不过东施效颦，自愧不如。

本书简体中文版由台湾大地出版社授权出版

著作权合同登记图字： 23-2023-092

图书在版编目（CIP）数据

南北看 : 全五册 / 唐鲁孙著. -- 昆明 : 云南人民出版社, 2024.2
ISBN 978-7-222-22617-3

Ⅰ. ①南… Ⅱ. ①唐… Ⅲ. ①饮食－文化－中国 Ⅳ. ①TS971.202

中国国家版本馆CIP数据核字(2023)第250335号

责任编辑： 金学丽　柴　锐
特邀编辑： 冯　婧
装帧设计： 周伟伟
内文制作： 陈基胜
责任校对： 柳云龙
责任印制： 代隆参

南北看：全五册

唐鲁孙　著

出　版　云南出版集团　云南人民出版社
发　行　云南人民出版社
社　址　昆明市环城西路609号
邮　编　650034
网　址　www.ynpph.com.cn
E-mail　ynrms@sina.com
开　本　890mm × 1290mm　1/64
印　张　31.3125
字　数　724千
版　次　2024年2月第1版第1次印刷
印　刷　山东临沂新华印刷物流集团有限责任公司
书　号　ISBN 978-7-222-22617-3
定　价　260.00元